艺境·匠心

鲁能地产住宅设计创新论文集

鲁能集团设计研发部　编

中国电力出版社
CHINA ELECTRIC POWER PRESS

主　编：孙　瑜
副主编：马小刚　余亦军
参　编：俞坤宗　张　琳　吴雪飞　李　跃　翁　璐　储　皓

图书在版编目（CIP）数据

艺境·匠心：鲁能地产住宅设计创新论文集 / 鲁能集团设计研发部编. —
北京：中国电力出版社，2018.1
ISBN 978-7-5198-1669-8

Ⅰ. ①艺…　Ⅱ. ①鲁…　Ⅲ. ①住宅－建筑设计－中国－文集　Ⅳ.
① TU241-53

中国版本图书馆 CIP 数据核字（2017）第 325031 号

出版发行：中国电力出版社
地　　址：北京市东城区北京站西街19号（邮政编码 100005）
网　　址：http://www.cepp.sgcc.com.cn
责任编辑：王　倩（邮箱：ian_w@163.com）
责任校对：郝军燕　李　楠
装帧设计：锋尚设计
责任印制：杨晓东

印　　刷：北京雅昌艺术印刷有限公司印刷
版　　次：2018年1月第一版
印　　次：2018年1月北京第一次印刷
开　　本：889毫米×1194毫米　12开本
印　　张：19.5
字　　数：430千字
定　　价：218.00元

序

对鲁能的最初印象，一是我有一位很要好的负责地产规划设计的青岛同学经常谈到，二是因为鲁能足球队表现十分突出。鲁能在我工作的南京也开发了几个品质不错的热销楼盘，才得知鲁能原来是一家很有实力的地产央企。真正了解鲁能，是2016年12月在鲁能集团总部参加杭州鲁能国际中心方案竞赛的评选，为一个超高层项目邀请了全球九家顶级设计公司进行国际竞赛，说明鲁能对项目设计品质非常重视。现在鲁能又将地产开发中的设计创新思考和探索编成论文集出版，细阅之后颇有感想，欣然为之作序。

其一，作为开发企业，鲁能将建筑前沿科技成果运用到大规模住宅开发中。我们学院前辈是国内最早涉足支撑体住宅体系研发的单位，也建成了一批试点住宅，历史上建筑界也早有学者研究住宅"潜伏设计"的概念。现在鲁能在济南公园世家项目中将支撑体住宅全生命周期灵活可变的概念和装配式生产相结合，建成百年可用的住宅，引领住宅使用方式的进步和建造产业化发展，充分体现了鲁能的创新精神和对可持续发展理念的追求。

其二，一个城市的良性发展，不仅要有好的规划设计，而且要在开发实施过程中将规划落地。我从鲁能的项目中看到了很好的案例，全民健身的理念全面落实到了鲁能泰山7号产品线中。济南唐冶体育公园和重庆鲁能泰山7号体育公园已经超出为居住区配套的范畴，而是完善了城市功能。从中可以看到鲁能作为有社会责任的央企的气魄和担当。

如果说上面两点是住宅产业的革命和城市尺度的创新，那么鲁能在住宅的细微处更是为业主着想。现在住宅精装修交房越来越多，实践证明这是节约资源、方便客户的好做法。从书中我注意到，鲁能的精装修住宅不仅是铺地刷墙、安装卫浴和厨房，而且总结了一百多项人性化的设计细节，这些不起眼的细节完善了住宅功能，提高了居住品质，成为业主的福利，有些细节设计兼具了适老性，适用范围更广，值得推荐。

应该说，书中的每一篇文章、每一个项目都显示了设计者的认真思考和追求，同时也能感受到鲁能在住宅设计创新方面的努力和用心。将这些创新构思的精华集中出版，是鲁能为社会奉献的知识财富，可供建筑师、设计师和房地产开发管理者参考借鉴，以共同提高中国住宅设计和建造水平。

最后，祝愿鲁能集团在住宅设计创新的路上永不止步，为社会奉献更多更好的住宅产品，同时也建造出更精彩的建筑作品。

中国工程院院士

东南大学教授

2017年12月

前　言

经过二十多年发展，中国房地产开发，特别是住宅地产开发已经非常成熟。在此期间住区规划和住宅产品设计也经过多次更新换代，规划理念不断进步，住宅类型越来越多，品质也越来越高。不过我们也注意到还有大量住宅同质化的趋势非常高，千城一面，户型雷同；未充分考虑住户的需求，精细化程度不高；按传统方式建造，住宅产业化程度低，可持续性不够等，不一而足。

鲁能地产近几年得到跨越式发展，今年全年销售额已接近九百亿元，稳居全国地产开发前二十强。作为集团的研发和设计管理部，在项目设计管理过程中针对开发存在的问题，我们不停地思考和探索。以集团"生态、健康、运动、娱乐、科技"五大维度为支撑，本着从客户需求着想的原则，通过对不同客户群体、不同地域特色、不同居住文化的深入研究，我们对住宅设计创新的追求从来没有停歇。本书所收录的，正是这些思考和探索的结晶。每一个方案、每一处细节，都凝聚了设计单位和项目管理团队的灵感和心血。将这些成果整理成册，作为《艺境·匠心》丛书的第二集，一方面是阶段性总结，同时可为将来留下宝贵经验。

本书精选了二十几个近两年设计开发的住宅项目，从规划、建筑、景观和室内设计各方面对设计创新进行了探索。有从新的设计理念出发，采用全新建筑系统和建造方式的项目，如应用支撑体加填充体理论，让住宅结构和内装、管线全分离，并采用装配式施工的济南公园世家百年住宅；有从鲁能特有的产品线出发，阐述如何依托产品线定位，引领全新生活方式的规划和建筑设计，如济南、天津和重庆鲁能泰山 7 号系列产品对运动社区和体育公园的设计思考，以及苏州鲁能泰山 9 号产品对健康地产的研究实践；有对地域文化、人文情怀进行深入挖掘，并据此进行建筑设计再创作的作品，如南京、苏州、福州等鲁能公馆系列产品充分利用当地深厚文化底蕴作为设计素材，从而成为文化气息浓郁的标杆项目；有从室内设计细微处着眼，梳理了一百多项室内人性化设施的精装修交房设计总结，如文昌、海口、三亚等精装交付项目对空间和细节优化的不懈追求。书中收录的所有项目，设计师们尝试在规划、建筑、景观与室内设计各方面寻求一些突破，也取得了令人欣慰的成果。这些设计创新提高了鲁能住宅产品的品质与竞争力，使鲁能地产成为真正的行业标杆。

本书所展示的作品和文章，展示了设计师力求创新与突破的思路和愿景，但由于种种原因，有些观点和做法还存在不足。我们始终保持开放与谦逊的态度，期望能与设计师朋友、地产界同行以及热爱建筑的人共同分享、交流，不足之处恳请各界朋友批评、指正。

鲁能集团有限公司设计研发部

住宅设计管理处

2017 年 12 月

目　录

后记

天津 / 苏州 / 青岛 / 济南 / 文昌 / 海口 / 福州 / 东莞 / 重庆 / 成都 / 宜宾 / 北京

天津鲁能泰山 7 号

地点：天津市海河教育园区

占地面积：14.66 万 m²

总建筑面积：25.38 万 m²

建筑设计：上海日清建筑设计有限公司

室内设计：上海曼图室内设计有限公司

景观设计：深圳市喜喜仕景观设计有限公司

设计时间：2016 年 4 月

"体育 + 新津派学院风"：建筑时代性及地域性的实践
——天津鲁能泰山 7 号一期

上海日清建筑设计有限公司　　丁超

我们深谙运动之美，我们深究学院之道。

——题记

建筑是一个特定地区的特定产物，应当扎根于具体的环境之中，体现当地的民俗与文化；而建筑同时也是一个特定时代的特定产物，也应当适应于当下的时代之中，符合社会的需求与发展。故而建筑应当同时具有地域性及时代性，是为一个合格的建筑。

津韵新风，因地制宜——区位与理念

本案位于天津市海河教育园区，宗地的北面紧邻海运学院，西南毗邻中国高等学府之一的南开大学。如此得天独厚的学院氛围及学府气质，为本项目的定位创造了一个独一无二的切入点。什么深宅大院街巷里弄，在这儿统统都不合适，活力与生气才是本案的关键。于是我们联想到了鲁能集团倾力打造的"体育 +"产品线，结合天津独有的津派文化和场地特定的学府人文特性，我们提出了"体育 + 新津派学院风"的设计理念，力图打造出充满人文活力的年轻 + 体育 + 学院社区，以彰显鲁能集团的品牌价值。

设环于道，环环相扣——空间与结构

那么我们将如何从规划上落实活力运动的本质，打造现代化的体育社区呢？

一旁的南开大学运动场给我们提供了新的灵感与思路。我们放弃了传统的中央轴线的对称结构，也拒绝了中心大花园的围合式设计，创造性地在宗地内引入了一条闭合环形跑道，使其成为整个宗地规划的主角，以此来定义规划的布局形态与空间结构。但是传统的跑道竞技性意味太浓，与社区休闲生活的本质相冲突，完全照搬肯定是不合适的，需要从设计上重新定义它的属性。于是我们引入了经典的空间设计手法，在这条跑道上提取了多个节点序列放大，将其打造为具有不同功能的运动广场。同时结合现代化的景观设计手法，融入小品及绿植，使整个跑道环兼具运动与游赏的特性。我们将这条环命名为"运动之环，健康之环"。

不同的广场定义了不同的主题，既有专为老年人打造的无障碍活动广场，也有充满童趣的儿童游戏乐园，另外还设计了专供青年人健身的运动广场。从某种意义上来说，这个运动之环不仅

图 1　宗地区位示意图

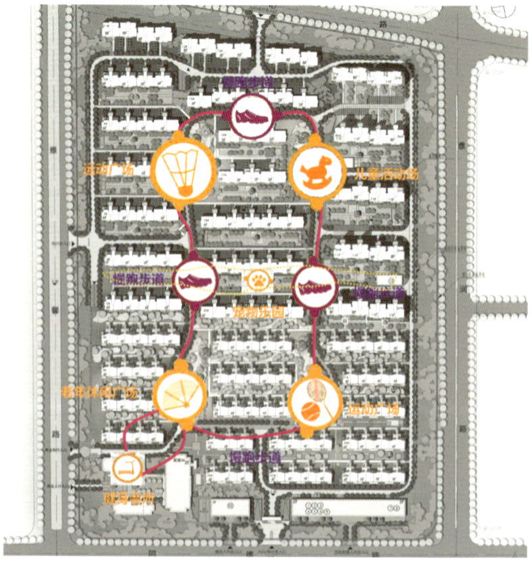

图 2　运动之环示意图

图3 鸟瞰图

仅是空间意义上的环，同时也是时间轴上的全生命周期之环。

这个环自然而然地把空间分隔为环之内及环之外，环的内外并不是完全独立与隔绝的。我们

图4 总平面图

设计了多条横向的小步道，以联系环的内外，提供人们多种需求的交流空间、运动空间及文化空间。整个社区的空间形态是自由有序且有机相连的。

精雕细琢，历久弥新——造型与立面

众所周知，一个社区的格调与品位不仅仅体现在产品类型与空间形态上，事实上，很大程度取决于建筑的立面风格与造型设计。天津作为一座有温度有故事的城市，留下了相当多的有价值的经典历史建筑。这些建筑虽然时隔多年，却仍然历久弥新。它们定义了天津这座城市的性格，成为天津文化不可或缺的一部分。对建筑师来说，传承与发展当地的建筑文化是义不容辞的责任，这远比凭空创新有意义得多。

于是我们专门学习与研究了津派建筑，特别是天津大学与南开大学中有历史价值的校园建筑的风格特点，包括坡屋顶的形制与角度，线脚的形式与做法，开窗的比例与模数，并运用现代化的手法进行新的演绎与诠释，使其更具有时代适

应性，同时保留与维持了其学院派风格的腔调与型格，是谓"新津派学院风"。

精工品质，独具匠心——材料与手法

津派建筑大多以红砖为主体材料，加以石材的点缀与装饰。由于本项目无法采用红砖砌体，于是我们采用了涂料仿红砖的做法加以代替，在工艺及手法上力求还原砖材的质感与品相，以期达到不是红砖胜似红砖的视觉效果，来体现"学院建筑"内敛、谦逊的气质。

主要实墙面以砖的错缝拼贴为主要手法，在关键位置用竖向拼砖加以强调与分隔，使整个建筑形象多一份活泼与生动。同时辅以浅黄色仿石涂料的点缀，形成视觉焦点，起到画龙点睛的作用。

不同材料的有机组合，强化了建筑立面的风格与质感，也强化了空间的光影关系，使立面形象更加丰富饱满，层次感更加鲜明。

洞悉市场，灵活多变——产品与市场

与整体定位相适应，我们在产品选择上也考虑了全生命周期的全线产品。既有符合学区房特性、适合刚步入婚姻的青年家庭的90m² 小户型产品，也有适合3~4口之家的小太阳家庭的110m² 改善型产品，又有满足三代同堂需求的140m² 叠墅产品。在产品上，我们力求住宅产品的多样性及户型设计的精细化。

特别值得一提的是叠拼产品，洋房的躯体，别墅的内壳，是性价比极高的一款产品。相较于洋房产品，无论是品质感及舒适度还是赠送率，它均有先天性的优势；而相比传统的别墅产品，它又显得特别包容与灵活，在价格上也有着碾压的优势，是在有限的容积率下能最大程度创造溢价的一款类别墅产品。在此次设计中，我们也对它进行了专门的升级与优化，使其更具有市场竞争力。

图 5　叠拼南立面

图 6　叠拼北立面

图 7　洋房南立面

图 8　洋房北立面

1. 墅感空间强

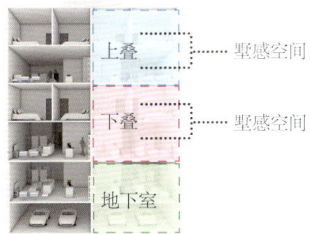

上叠 ┄┄┄ 墅感空间
下叠 ┄┄┄ 墅感空间
地下室

2. 超大面宽

7.6m　7.6m
15.2m

3. 私密的入户空间　　　　4. 宜人的邻里空间

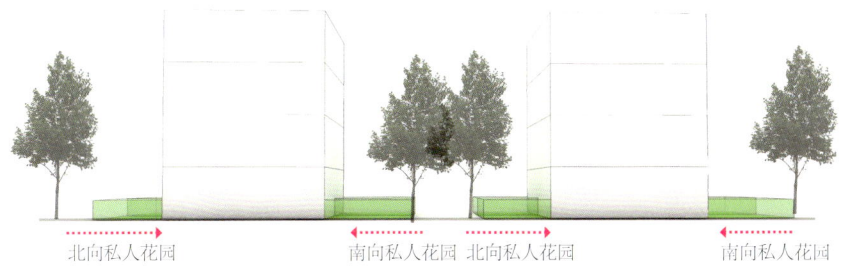

北向私人花园　　　南向私人花园　北向私人花园　　　南向私人花园

图 9　叠拼产品特点示意图一

叠拼产品

RF
4F
3F
2F
1F
B1

改造前　　　　　　　改造后

阁楼赠送
露台赠送
挑空赠送

挑空赠送

电梯可后加

地下室夹层

花园赠送

上叠花园赠送　下叠花园赠送

类独栋产品

3F
2F
1F
B1

改造前　　　　　　　改造后

露台加建
露台赠送
挑空赠送

地下室夹层

图 10　叠拼产品特点示意图二

津派书院之外敛与内修

——天津鲁能泰山 7 号展示中心室内设计

上海曼图室内设计有限公司　　陈俊　齐金鹏

天津这座由海河孕育的城市有着悠久的历史，清朝末期西方列强占领天津，天津被迫开放，列强先后在此设立租界。特殊的地理和历史形成了津门独一家的文化——"中西合璧，古今兼容"。万国博物馆般林立的建筑中，有着北国罕见的细腻，穿插着千年民艺和幽默语言及西方艺术，任凭世人评判。

在这个有着独特历史印记的城市中，如何让设计"硬件"与文化价值搭接，赋予人文"软件"以情怀，建立文化自信，从而避免仅流于简单的形式，这成为该设计的核心命题。

天津鲁能泰山 7 号展示中心主入口近 4000m² 有沿街商业打造区，如此大手笔、大体量，如何创造性地解决空间布局与功能需求的合理配比？如何将现在的功能永久保留？如何使其与未来商业功能无缝转换并作为社区配套，这些问题都变得尤为重要。

外敛与内修，其迹悠扬

于外，在"传统"与"现代"之间寻求平衡，融合天津地域独有文化，将"欧洲图书馆"与学院文化相融合，提出了"新津派学院风"的设计概念，以从容的态度将其置于特定的环境、特定的地域，创造一种符合现代人生活需求和精神诉求的讲究高雅、别致的空间环境，一座可以游玩、体验的"书院"是之谓外敛。

于内，尊重院落的布局，融合了鲁能集团第三代展示区"体育+"等新的理念，以人文艺术为核心，提出"生活体验馆""空间美学馆""体育+会所"三大功能模块的"第三代展示区"解决方案。从本质上呈现独具魅力的文化空间，增加了体验性、主题性、社区性、文化性。功能也不再局限于单一售楼功能，而更多地注重与未来商业功能的叠加，承载起导客以及后期配套功

图 1　入口接待区

能的拓展和展示，是之谓内修。

通过这样一个内外兼修的方式呈现出一个有意韵的具有独特场所精神的室内空间，凸显设计价值，提升企业品牌形象，希望将客户引入一次具有独特文化的体验之旅。

传统形制，意韵回归之生活体验馆

设计初期通过草模推敲了不同的功能单元模块以及它们的组合方式，根据室内各功能所需的面积排列出一些平面组合的可能性，并分别尝试了分散式、组团式等室内布局方式。借鉴四合院的古典建筑布局，最终选择了一种基于中心庭院（多功能楼梯与超尺度书柜结合形成巨大体量，置于空间中心），既分散又聚合的空间组织结构。这样的结构使其能够根据功能要求灵活布局，围绕中心区自然形成门厅、沙盘展示、洽谈区、咖啡轻餐区，规划人的行为活动并形成洄游式参观流线，使人充分享受景观面最大化，将室内外打造出丰富的空间视觉，相互借景而又和谐统一。同时，多功能楼梯也整合了企业文化展示、卫生间等配套功能。室内空间以一种开放、融合的姿态与室外景观在视觉上相互渗透，打造出一座可以游玩体验的"书院"。

门厅是建筑边界的一个格外敏感的区域，作为第一印象，它必须尊重和加强既是内部又是外部的社会感的特性。既叙说着"空间－时间"观，更被赋予了进入内部领域时的一种仪式感。

在设计过程中通过对空间模型进行推敲，在门厅区域做了局部挑空，不仅丰富了垂直空间的层次，体现了超尺度书架所追求的序列美感和立面比例，给人以传统哲学"至大中正"的空间仪式感，同时也使二层形成连廊，增强了空间的趣味性，也形成洄游参观动线，营造出丰富的空间体验感。

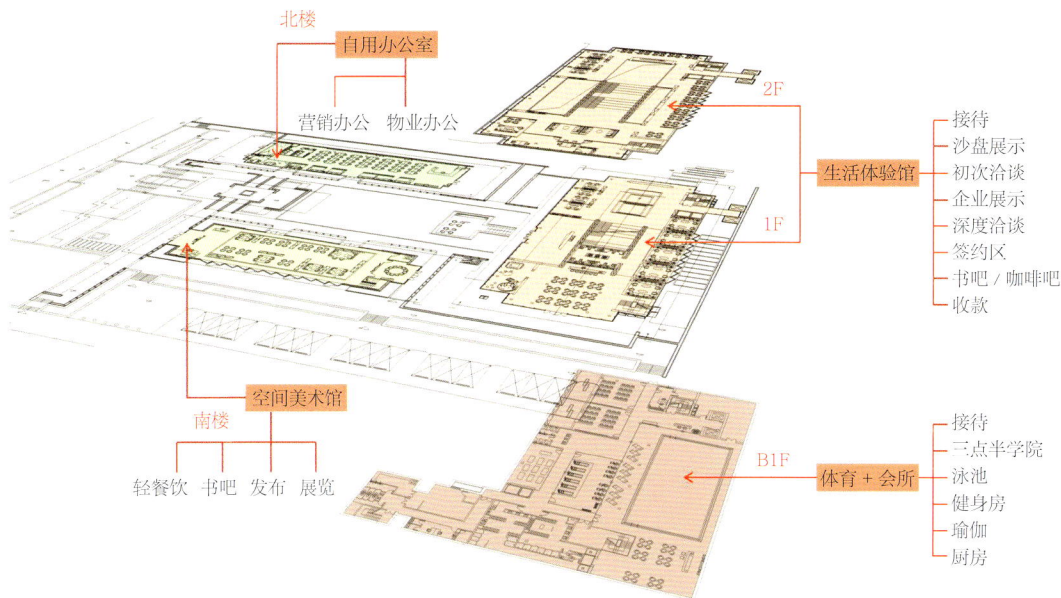

图 2　垂直空间平面布局

图 3　阶梯阅读区

017

图 4 沙盘展示区

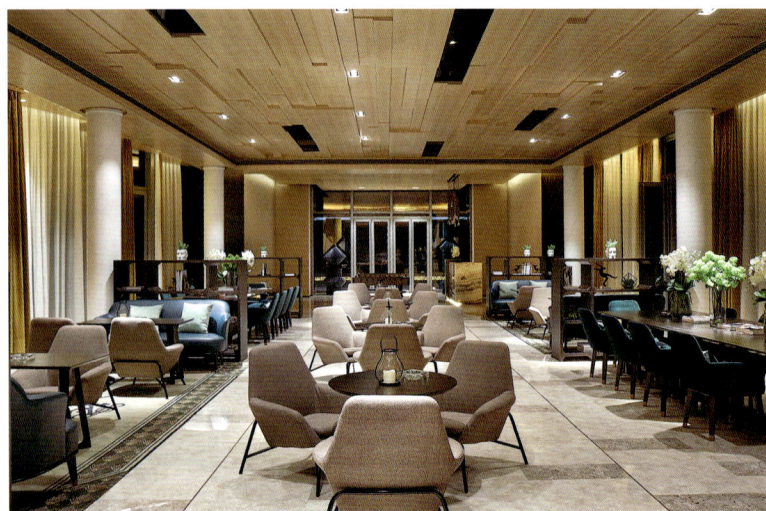

图 5 休闲阅读区

多功能楼梯不仅是一个空间雕塑，更提供了一种空间体验。超尺度书架所围合的中庭区域，一楼与二楼通过多功能大楼梯连接，营造出欧洲图书馆的氛围，思想在此交融，自由在此碰撞，一切的一切都超越了时空的界限。结合 LED 屏，与沙盘区形成互动，发布活动时，大阶梯转变成看台，沙盘区华丽蜕变为现代舞台的中心，完成一次华丽的演出。集发布、展示、交流聚会于一体的多功能叠加场所，突破了以往展示区的功能单一性和弱互动性，让时间、空间在此进行一场心灵深处的对话。

未来商业也可将多功能楼梯区域直接拆改作为后场区，功能无缝转换，使其整体作为社区配套的城市客厅，以完成"第三代展示区"的最终目标。

兼容并蓄，淬砺致臻之空间美学馆

空间美学馆位于院落的南侧，尊重紧邻百年学府的独特地理位置，在空间布局上采用开敞式，在家具布置上采用组团式，重点考虑功能的可变性，打造一个融合了简餐、书吧、拍卖、学术交流等功能叠加的美学空间。一段惬意的下午茶时光；一次愉悦的学术讨论；一次人文情怀的释放，在精心的设计中自我发现与升华，不禁让人心驰神往，更是一种文化的延伸。

这些功能的叠加、拓展和可变实现了与整个小区乃至地块的连接与互动，远远超越了售楼功能本身，也正是第三代展示区真正的灵魂所在。

体育＋会所

鲁能集团倾力打造的"体育＋"产品线，力图打造活力、健康、亲子的年轻社区、体育社区。作为主要社区配套功能，从现代人的宜居需求出发，不仅有充满童趣的三点半学堂，也设计了健身运动的瑜伽区、健身区、球类活动区及恒温泳池等。因而从某种意义上来说，内涵与生命力在此升华，体现了鲁能集团的人文关怀。

天津鲁能泰山7号，内外兼修，尊重地域文化，构建了一个有意韵、可体验的"津派书院"，赋予空间独特的气质。其追求空间布局与空间功能的张弛有度，提出了鲁能集团"第三代展示区"的核心解决方案——生活体验馆、空间美学馆、"体育＋"会所三大功能模块，有效地解决了售楼空间功能与未来社区配套功能的叠加与互动。从踏入泰山7号的那一刻起，你就能感受到鲁能的用心。

图6　空间美学馆

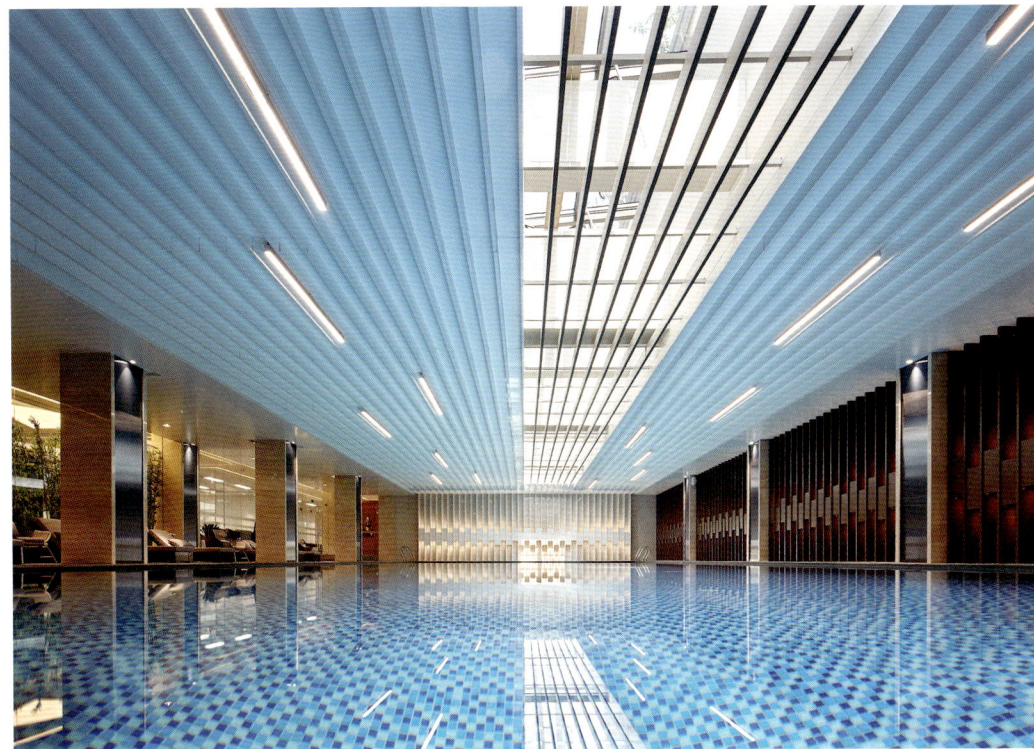

图7　生活馆恒温泳池

腹有诗书气自华

——天津鲁能泰山 7 号展示区景观设计

深圳市喜喜仕景观设计有限公司　　张云锦

近年来景观行业发展迅速，但终究还没能有相对成熟的技术型革新，材料运用也未曾有颠覆性的发展。随着市场上雷同的产品越来越多，人们的审美发生了翻天覆地的变化，从欧式、美式的繁复对称，到新中式寻求身心的归宁，百花争艳后，一片禅林絮语。于是，开发商的房子越来越像，如同一个工厂生产出来的复制品，不去看一眼案名，都不知道说的是哪个项目。辗转中，我们不禁思考：应该从何着手，让天津鲁能泰山 7 号脱颖于千篇一律的流水线产品，让她站在那，就能有被人记忆的点？

腹有诗书气自华。产品形态和配置可以被复制，但贴切的项目精神内涵是不可能被复制的。"让东方的园林归于东方的意蕴，让空间的体验归于心灵的契合，让美不止于美，留一抹绵长回味。"这成为景观新一轮的思考方向。于是，如何将津派学院气质与园林景观完美结合，呈现一个有气质、有文化、有津味或者说有灵魂的景观空间，成了本案从一开始就思考的命题。

一、区位概况

"银河"即天，"渡口"为津，"银河渡口"即天津，在华洋文化国际范儿浸润下的津派气质兼容并蓄，博采众长，形成了自身独特的文化底蕴；加之本项目位于津南区海河教育园区东侧中部，紧邻南开大学津南校区及海运学院，文化气息浓厚。

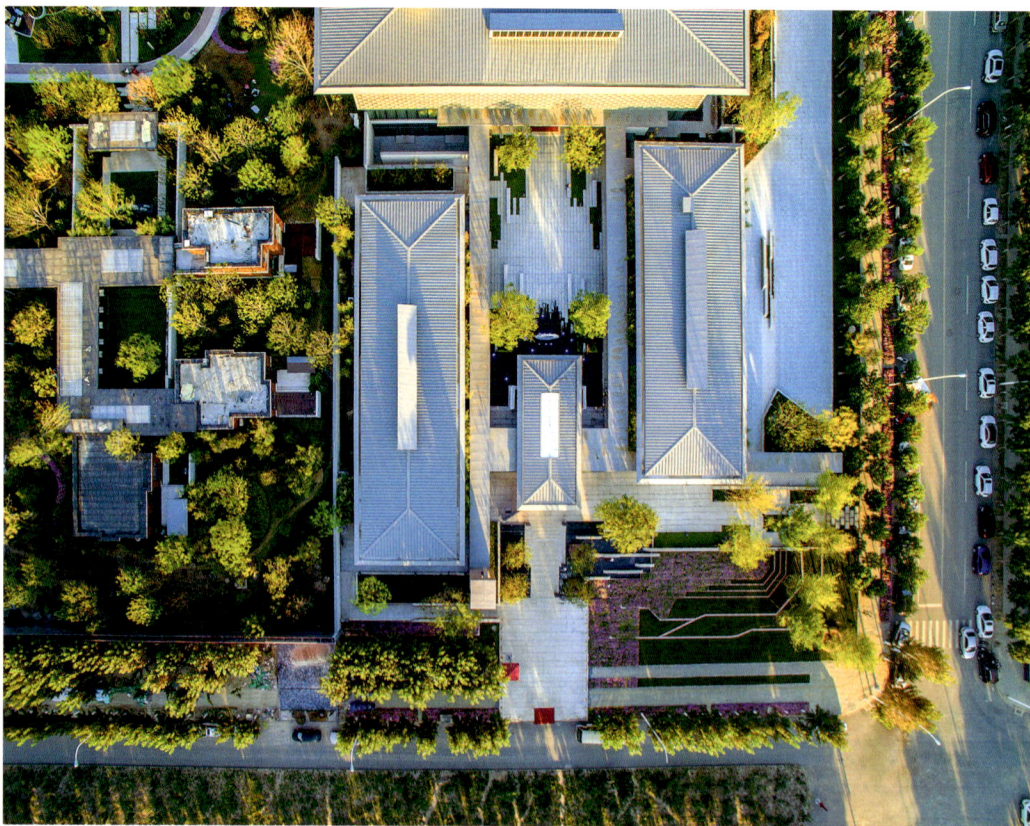

图 1　展示区整体俯视图

二、项目定位——津派学院情怀，让东方园林归于东方的意蕴

项目立足天津本土津派文化，融合海河教育园区学院特色，将传统园林的意境、空间、文化之美融于现代园林空间，同时通过对津派文化气质的深刻分析提炼，将津派圆融练达的不羁气质投影到景观空间的方方面面，打造一个从骨相到皮相皆书生意气、充满津味的学院派深院华庭——津门学院派的院子。

三、空间与文化——让美不止于美，留一抹绵长回味

入口——儒林致远，四时修远

自古文人多骚客，高山仰止，景行行止。展

图2 入口景观展示

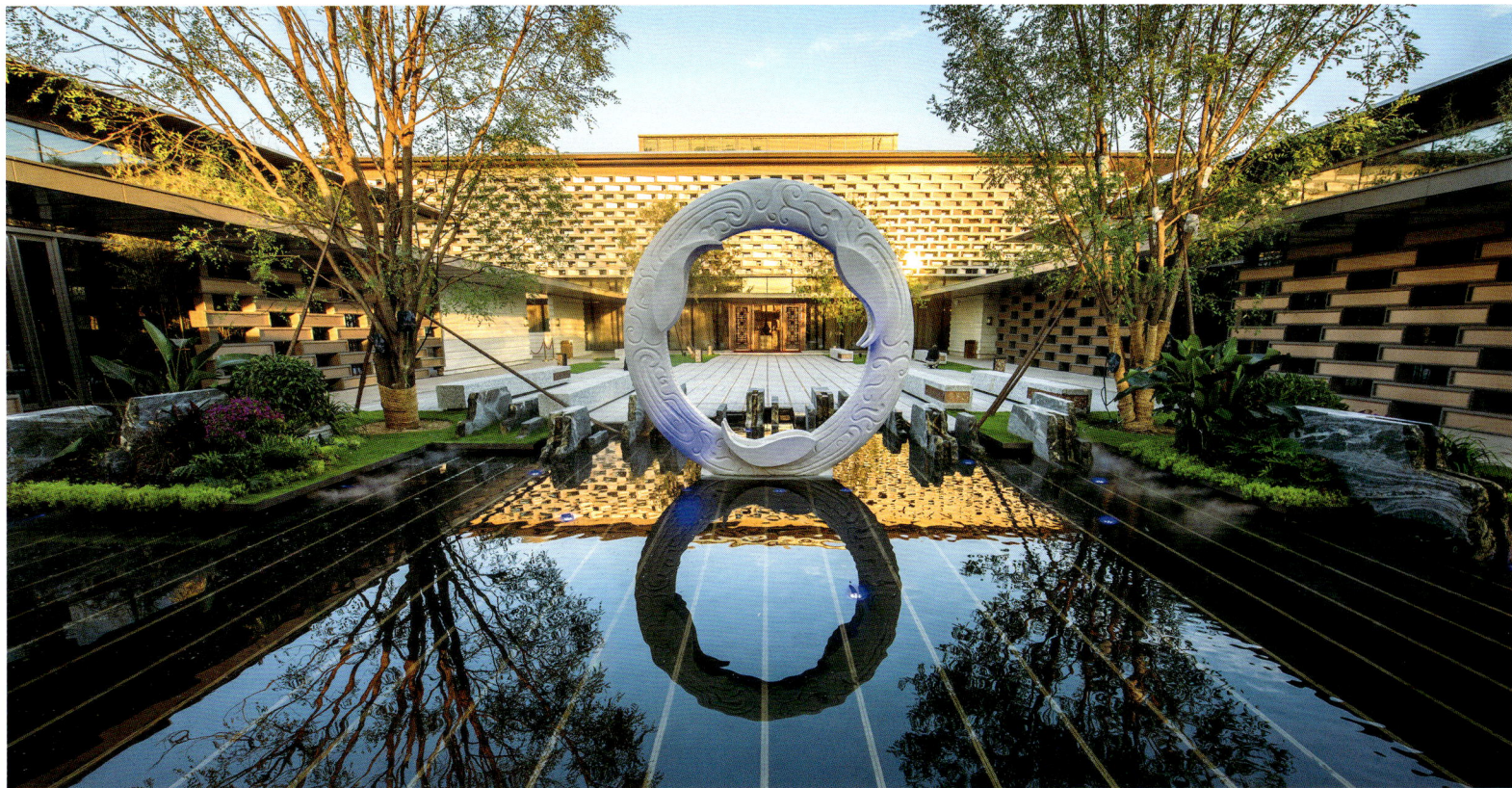

图3 中庭鱼跃门

图4 中庭景观

图5 中庭休闲广场

示区入口前场取意高山流水，王羲之书云"此地有崇山峻岭，茂林修竹，又有清流激湍，映带左右"，天津泰山7号入口前场以书卷为墙，草阶行云，嘉木成林；台阶流水层层递进，渐进主题，不言自喻"书山儒林"，通过材质的穿凿、纹理的变幻，水景的点缀等，传承津派海运文脉，体现书院气质，于细微处见精神。

中庭——如鱼在渊，如月素净

道家认为："天圆"，心性上圆融才能通达；"地方"，命事上要严谨条理。这与津派文脉"圆融练达"不谋而合，中国传统文化提倡"天人合一"，讲究效法自然，风水术中推崇的"天圆地方"原则，也是对这一宇宙观的特殊注解，天津泰山7号建筑格局围合出一方合院，景观因利导势，典取读书人跃龙门之典故，以方墙筑圆，方塘映月，三圆重叠，形成强烈的向心吸引力，如鱼在渊，如月素净。同时，三圆意喻三元，鱼跃龙门，三元及第。景观中庭再现朱熹文公诗所云"半亩方塘一鉴开，天光云影共徘徊"，方塘诗文若隐，书简参差，云影慢慢，是以"风送水声到枕畔，月移山影到窗前"，书院的清修诗气不外如此。天津泰山7号中庭景观给无意者以闺秀般的得体美，给有心人以灵魂秀丽的契合美。

花园——如花在野，如风清凉

花阶常留淡淡影，疏栏常送徐徐风。

天津泰山7号花园景观细密考虑空间舒朗关系，前场为气，中庭聚神，花园则是读书人看月听风、凭栏聆心、乐享天伦的舒朗场地。景观通过铺装构架巧妙转换空间，竹简卷轴缓缓打开，铺装参差传达津派文脉不羁神态，圆形舒朗草坪是津门学子练达通世的写征，儿童活动花园可满足不同年龄段孩童的活动需求，场地设计趣味人性，不失为黄毛稚子的活泼学堂。风清拂面，花香醉人，如花在野，如风清凉，美哉，快意哉！

后院——入眼是画，入心是禅

淅淅沥沥，雨落屋顶，院墙新瓦，一片安静，千徊百转，回归心中的安宁。天津泰山7号样板花园以半房连廊，收四时颜色。其延续书院文人气质，空间开合有致，前场草坪水景拟海形山，象征学海书山，以枝枝蔓蔓的照壁作为前场空间与后场的转换点，顿有"柳暗花明又一村"的惊喜，正是与为人做学问一样的哲理思考。后场廊下静思，庭前听雨，月影照山墙，在小的尺度中幻化出无穷的意蕴。是以为"入眼是画，入心是禅"。

天津鲁能泰山7号2016年9月建成投入使用，成为业界一股清流，以其浓郁的文化氛围和淡然大气的稳重姿态在众多同类产品中脱颖而出。批量化的生产过程固然节省了人力物力的成本，看似效率高，回报快，但让大部分设计失去了美感，沦为平庸，没有灵魂的设计注定昙花一现。天津泰山7号抓住地域性的津派文化内涵以及学院气质，再以精准的设计方向加持，便显得那么特别。来自各种细密感受的有序整合，尺度精确到厘米的推敲，造就了景观扑面而来的高级美。从这一个方寸天地里你能感受到它骨子里的情怀，这种文人津派情怀是项目所呈现的，也是来访者可以感受到的，来自开发商对城市、对业主的满满诚意。

图6 样板展示区水景

图7 样板展示区后庭院

023

苏州鲁能泰山 7 号

地点：江苏省苏州市相城区

占地面积：6.3 万 m²

总建筑面积：18.03 万 m²

建筑设计：筑博设计股份有限公司

室内设计：上海曼图室内设计有限公司

景观设计：深圳市喜喜仕景观设计有限公司

设计时间：2017 年 8 月

小空间之大作为

——苏州鲁能泰山 7 号展示中心室内设计

上海曼图室内设计有限公司

任何建筑都离不开空间的组织。"空间"游离于工学与美学的范畴之间，同时在所有的多样关系中作为媒体而独立存在。建筑空间在表象上是千变万化的，有诸多可能性，在这种意义上，坚持不断地去探索建筑空间的可能性，使之完成项目的使命，并能很好地诠释空间文化表情变得尤为重要。

苏州鲁能泰山 7 号展示中心空间利用项目主入口南侧沿街商业打造。"麻雀虽小，五脏俱全"，售楼处室内设计首要的是创造性地解决空间与功能需求的矛盾；其次，在一个去售楼处的时代，空间的表情、气质成为设计要解决的第二个核心命题；再次，空间的秩序、艺术、趣味性成为第三个设计命题。

图 1　入口沙盘展示区

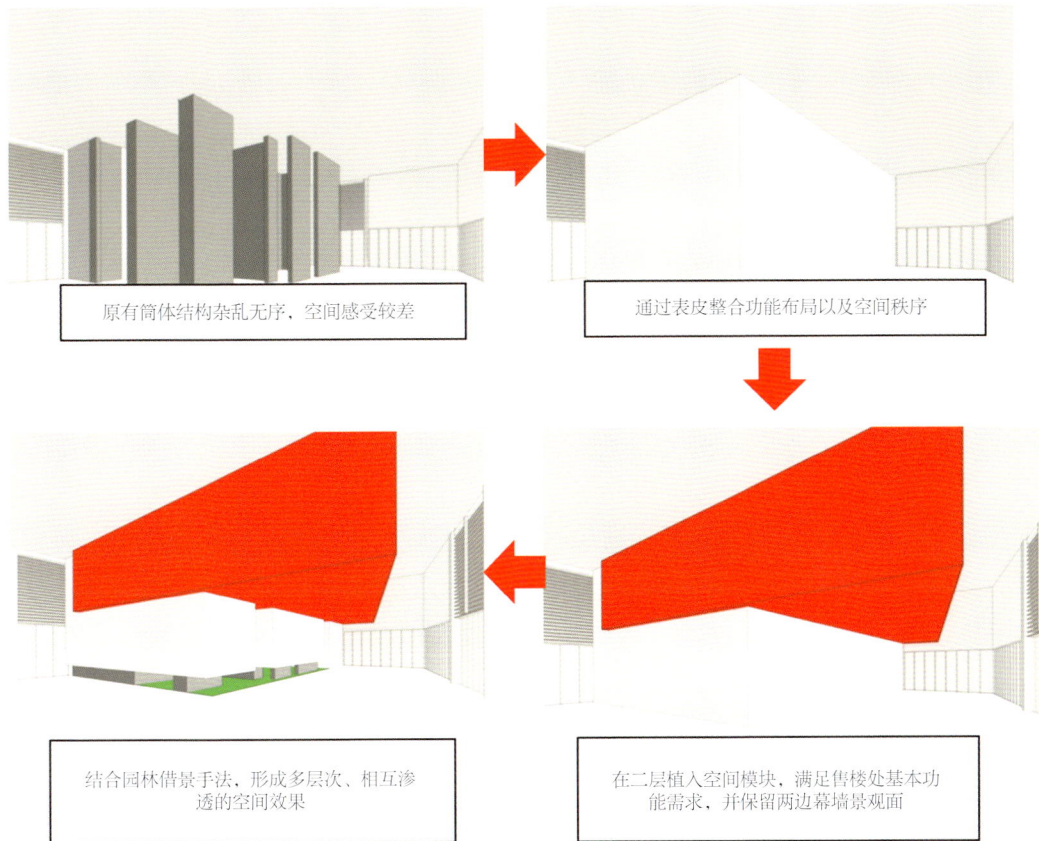

| 原有筒体结构杂乱无序，空间感受较差 | 通过表皮整合功能布局以及空间秩序 |

| 结合园林借景手法，形成多层次、相互渗透的空间效果 | 在二层植入空间模块，满足售楼处基本功能需求，并保留两边幕墙景观面 |

图 2　分析图

图 3　一层平面图

一、空间重构，建筑里的"内建筑"，合理解决空间与功能需求矛盾

苏州泰山 7 号展示中心空间利用沿街商业裙楼，主要带来以下两个问题：一是由于高层建筑剪力墙落位其中，建筑结构形式复杂，空间形象与秩序混乱；二是单层面积仅 320m²，面积指标与功能要求差距较大，售楼的基本功能无法完全满足。

我们的空间策略是：一、在复杂混乱的结构之外建立独立表皮，将筒体形式规整；二、利用剪力墙筒体结构搭建二层并作适当延展，增加有效面积 150m²，一层布置卫生间、展示空间及VIP 空间；二楼布置收银空间、咖啡洽谈区及体育 + 慢跑 CORNER。

二、空间重构，步移景换，植入苏式园林意境空间表情

我们在设计过程中通过对展示中心原建筑平面及建筑模型的推敲，发现原有的建筑形态呈现"L"形，参观流线较为单一与呆板，因此，设法在尺度狭小的空间创造更多趣味成为我们思考的重要线索之一。

苏州园林"一步一景，步移景换"的特点为我们提供了空间处理的灵感。"巧于因借，精在体宜"，苏州园林造景手法"借景"为处理小空间提供了具体思路。因此，我们在筒体处理上通过"空""漏""透"的手法，打造出趣味空间，使小空间的内部空间关系丰富多变，并在小空间与大空间之间形成很多趣味空间。

"空"，将筒体建筑本身的结构与"表皮"脱开，表皮向上提升形成底部的灰空间，在地坪关系上通过绿植的处理打造出园林地面的独特体验。

图 4　二层平面图

"漏"，在筒体内部做局部挑空，使得人在垂直交通时能感受"步移景换"，营造出丰富的空间体验。

"透"，楼梯空间、卫生间及展示区之间通过通透玻璃及隔断形式，使空间视觉互相渗透，互相穿插，互为景致。

在对空间重新建立"表皮"的同时，植入江南气质的建筑语汇是我们思考的另一个重要线索。因此我们将建筑筒体进行规整的同时，将二楼做了大胆的挑空空间，除有效增加二楼的使用面积用作咖啡洽谈区之外，一楼和二楼的体量本身形成了一个独特的内建筑空间，我们通过运用江南建筑的砖形工字排列处理表皮来保证这个"内建筑"的采光性，使整个空间具备了独特的江南建筑气质。

"宁古勿时，宁朴勿巧，宁俭勿俗"，二楼经过重构的江南语汇表皮与一楼原结构望砖的铺砌、筒体周围地坪独特的园林化处理，三者相得益彰，恰到好处。

三、鲁能泰山 7 号 DNA 的植入

鲁能集团泰山 7 号产品主打"体育 +"运动、生态理念，因此打造

图 5　入口接待区

一个体育爱好者的聚集地和体育活动的发起地是我们设计的重要方向。

　　我们有效利用搭建后的二楼楼梯区域灰空间打造体育＋慢跑 CORNER，在这里可以提供信息交流、体育社交。二楼的咖啡区设置投影幕，这里是体育爱好者最好的分享地和交流区。未来这个小小的角落，可以兼作各种赛事的发起地。

结语

　　在苏州泰山 7 号展示区售楼空间里，我们玩了一把"乾坤大挪移"。在小空间里通过空间的重构，构建出一个具有当地文化特色的"内建筑"，并植入园林意境，通过"空""漏""透"手法将封闭空间重新构筑出丰富的空间关系，对类似的小型项目而言，这是一个试验性的、具有典型参考意义的范本。

图 6　一层洽谈区

图 7　二层签约区

金碧山水里的院子
——苏州鲁能泰山 7 号展示区景观设计

深圳市喜喜仕景观设计有限公司　　杜娟

苏州鲁能泰山 7 号展示区景观设计从中国古代绘画中获取灵感，取园林中金碧山水画之空间、意境、色彩，以青绿为质，金线为纹，以泰山 7 号产品价值为核心，结合项目周边配套资源，深入挖掘当代居民生活需求，还原空间功能属性，着力打造生态、健康、运动、娱乐、科技五重环，勾勒一幅既有休闲活力，又有优雅气质的山水画卷。

一、缘起——画与园林

沈朝初《忆江南》词云："苏州好，城里半园亭。几片太湖堆峚，一篙新涨接沙汀，山水自清灵。"清初是苏州园林的鼎盛时期，追溯苏州园林的历史，不得不提素有园林之镇美称的木渎古镇。徐扬的《姑苏繁华图》卷中不惜浓墨重彩对木渎古镇的遂初园做了十分细致的描绘。当时迁居木渎的沈德潜曾多次游园，撰有《遂初园记》，对园景做了详尽的记述：楼阁亭榭台馆轩舫连缀相望，嘉花名卉四方珍异之产咸萃园。可见遂初园主人高雅的审美情趣和造园者精湛的造园艺术。遂初园的结构布局为三路七进一大园，其中中路以会客、喜庆、雅集、演唱、藏书等功能的建筑为主。

中国古画所描绘的古典园林不胜枚举，描绘园林景致的同时也向我们呈现了古人在园中的各类活动。唐代金碧山水创始人李思训的《江帆楼阁图》描绘了春天游人踏青之场景，楼阁庭院在山石树木间若隐若现。用色上即所谓"青绿为质，金碧为纹"，画面灿烂夺目，使人远离尘世，倾情自然，纵目千里。北宋则有《西园雅集图》的十六位文人名士在亭下、园中、竹林里的游园聚会，是谓雅集。明代吴门画派代表之一的仇英，在《金谷园图》中描绘了松柳相映、富丽华贵的廊下，牡丹相互簇拥，孔雀闲庭信步，仕人游园集饮的场景；他的《四季仕女图》则是众仕女在园中四时不同的活动，树石相映成趣，假山石景同样用青绿山水技法勾勒，让人眼前一亮。

二、空间及内涵——金碧环秀，灵动山水

古典园林悠久的历史在古代绘画中所呈现的动人场景及表现技法，给予了我们更多的灵感。

苏州鲁能泰山 7 号项目周边四水环绕，临水则是公共绿地，而西、北均有市政配套体育公

图 1 《姑苏繁华图》局部（遂初园）

园，优越的区位环境给了泰山 7 号与生俱来的DNA——生态、健康、运动。基于项目的整体定位，景观设计结合地块周边自然及配套资源，形成五重休闲活力环，又结合苏州园林中的古画脉络赋予金碧山水画的金碧辉煌，以青绿为质，金线为纹，勾勒出一幅既有休闲活力、又有优雅气质的山水画卷。

展示区位于地块主轴，以金碧山水卷轴为框架，沿袭古典园林三进式院落布局，营造轴线尊贵感。空间开合有度，收放结合，层层递进，彰显名仕优雅气度。

1. 一进（遂初门与金碧山水庭）

吴铨造遂初园时有得偿初衷之意，大门用此意期望给人们以共鸣——姑苏城繁华喧闹，遂初园深静宜然，一闹一静间自是生活的完美转换。大门整体形态优雅而尊贵，结合两侧水景及乔木

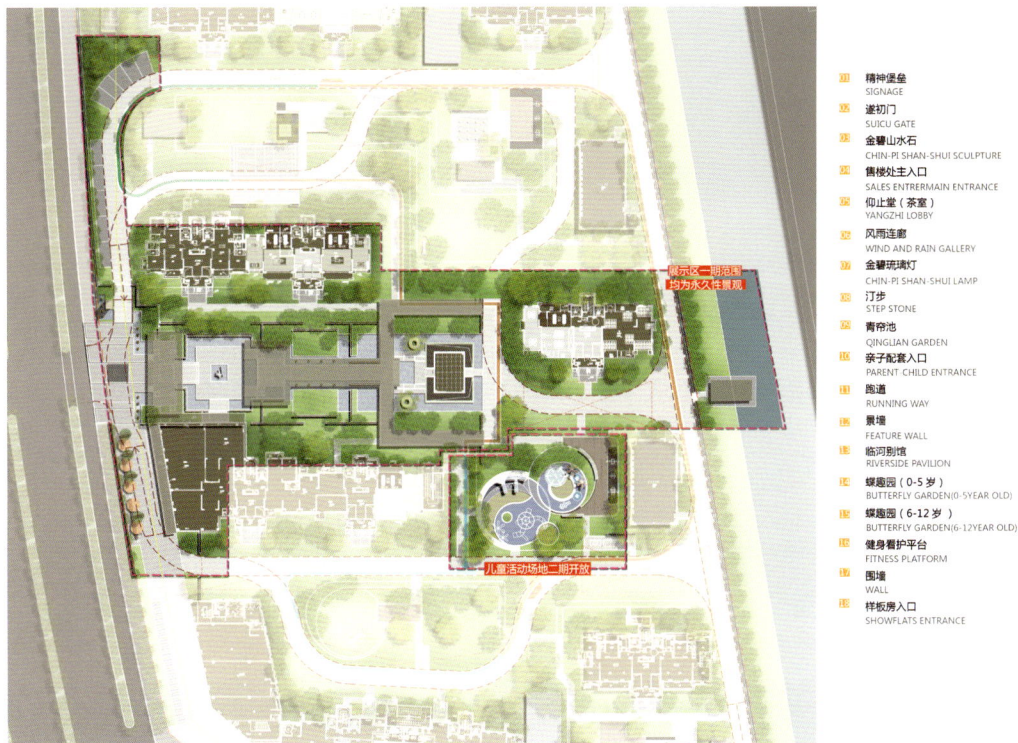

精神堡垒　SIGNAGE
遂初门　SUICU GATE
金碧山水石　CHIN-PI SHAN-SHUI SCULPTURE
售楼处主入口　SALES ENTRERMAIN ENTRANCE
仰止堂（茶室）　YANGZHI LOBBY
风雨连廊　WIND AND RAIN GALLERY
金碧琉璃灯　CHIN-PI SHAN-SHUI LAMP
汀步　STEP STONE
青窈池　QINGLIAN GARDEN
亲子配套入口　PARENT CHILD ENTRANCE
跑道　RUNNING WAY
景墙　FEATURE WALL
临河别馆　RIVERSIDE PAVILION
蝶趣园（0-5岁）　BUTTERFLY GARDEN(0-5YEAR OLD)
蝶趣园（6-12岁）　BUTTERFLY GARDEN(6-12YEAR OLD)
健身看护平台　FITNESS PLATFORM
围墙　WALL
样板房入口　SHOWFLATS ENTRANCE

图 2　展示区总平面图

图 3　遂初门

图4 金碧山水庭

图5 远香庭

表达了归家的仪式感及温馨感，通透的立面让视线延展至金碧山水庭中，落在主题雕塑上。踏石桥步入中庭，只见庭院四面围合，院中四水环抱，视觉焦点上的"金碧山水石"雕塑取意金碧山水画中假山景石之形与色，以太湖石为骨，青金为质打造"吴波浮动，看中流翻月，半江金碧"之胜境。一侧的景墙则选用半透明磨砂U形玻璃夹山水画卷，山水画与镜面水相映，竹枝修长青翠，空间隐逸朦胧，意境悠长深远。

2. 二进（仰止堂与远香庭）

走进二进院便来到仰止堂，取意"高山仰止，景行行止"。宋时大文豪苏轼、黄庭坚、秦观、晁无咎等十六位文人雅士曾集会西园，京中文人学士围绕在苏轼周围，拥戴他为文坛盟主，史称"西园雅集"。仰止堂在设计中定义雅集之所，可品茶，会友，论道，赏景，心可往，身可至。堂前的远香庭以纯粹简约的草坪空间结合远山格栅墙景，配以切片泰山石，植修竹，精致的连廊穿庭而过，廊下水带相随，金碧琉璃灯再次点题，廊的尽端是半隐半透的格栅景墙，整个场景既有横向上的开敞感，又有纵向上的悠远宁静之意。

3. 三进（青帘池）

穿过远山庭的长廊，便转至青帘池的回廊，取景自《金谷园图》，曲廊华盖富丽，帷幔与树木半遮半透，仕人携童引伴，游园集饮。青帘池以回廊围合，镜水面倒映着回廊仿铜质的格栅，庭中静水植雅树，不锈钢树池外嵌金线水波纹，浪花白石板汀步漂浮水面之上，涉水而过，可步入下沉庭院中的亲子会所，青帘即寓指绿色如帘垂至下沉庭院之中，室内外形成了立体式景观互动。

4．蝶趣园

展示区除主轴三进院落外还包含供儿童活动的蝶趣园。《仕女戏婴图》中描绘了儿童嬉戏的场景，树下、亭中、池畔，与朋友玩耍，与宠物游戏。我们在设计中则赋予蝶趣园更多现代孩子成长所需的空间，整体以蝴蝶的成长故事为线索，通过形象化的设计语言，如毛毛虫传场筒、摇摇乐、蝶蛹攀爬设施、大蝴蝶滑梯等，向孩子讲述毛毛虫如何通过努力化身为美丽的蝴蝶，增强孩子与父母、孩子与孩子及孩子与自然间的沟通。这同时也是运动与健康理念的其中一个呈现点。

结语

我国素有"诗画同源"一说，意境深远如诗如画的中国古典园林自是与之一脉相承，钱咏在《履园丛话》中写道："造园如作诗文，必使曲折有法，前后呼应，最忌堆砌，最忌错杂，方称佳构。"一语便道破了诗词绘画和园林的关系。展示区景观设计从金碧山水画中取景，再由现代的设计手法及语言体现，结合泰山7号"生态""健康""运动"的理念及古典园林画中的空间与意境，变得文化与时代感兼备，使得金碧山水画中意境的动人景观在项目中逐一呈现。

图6 青帘池

图7 蝶趣园

苏州鲁能泰山 9 号

地点：江苏省苏州市相城区

占地面积：13.87 万 m²

总建筑面积：26.85 万 m²

建筑设计：柏涛建筑设计（深圳）有限公司

室内设计：上海曼图室内设计有限公司

景观设计：深圳市喜喜仕景观设计有限公司

设计时间：2017 年 6 月

全龄健康
——从空间到精神层面的社区营造

柏涛建筑设计（深圳）有限公司　　设计四部

人，对于建筑物的需求是什么？

自工业革命以来，建筑的物质性被夸大，房屋一度被称作"居住的机器"。虽然现代社会物质极大地丰富，但是人们的精神需求却常常被忽略。世界卫生组织提出的"健康"概念中说道："健康乃是一种在身体上、心理上和社会上的完满状态，而不仅仅是没有疾病和虚弱的状态。"

一个好的设计项目，不应该仅仅满足功能性需求，而应该"以人为本"，不仅在身体上令人感觉完满，也应该在心理上使人感到充实。

而这个理念，正是鲁能泰山9号全龄健康社区设计的基础。由此发展而来的"健康、养生"主题贯穿整个项目设计过程。从规划布局到户内空间，从环境氛围到立面风格，从身心状态到社会关系，项目设计的各个方面致力于打造一个融合绿色生态与健康生活的乌托邦。

本项目位于苏州市相城区阳澄湖镇。"上有天堂，下有苏杭"，丰富的自然与人文资源为项目理念的贯彻提供了充分的保障。阳澄湖片区定位为旅游度假区，南部紧邻高铁新城，在享受稀缺自然资源的同时，也能与繁华的城市紧密相连。盛泽湖岸巨大的湾区纵深、漫长的湖岸线与

图1　鸟瞰图

良好的水质条件保证了滨水空间的品质。在项目的规划设计中，我们充分利用丰富的滨水景观资源，通过多入口、多节点的设计策略，加深与景观的互动，提高了滨水景观带的参与性。同时引入WELL建筑标准为指导，探索建筑与人的和谐共存关系，以空间设计为切入点，从身心双方面提高业主的使用幸福感，助其身心健康发展。WELL以七大核心体系——空气、水、营养、光线、健身、舒适性、精神，全面改善人体的11大生命系统，并通过环境品质的绝对递进来提升物业价值。

一、健康氛围——心理体验

1. 苏州文化的经典——水上院子

江南独特的自然环境创造了独特的地域文化，并在当地留下了宝贵的文脉资源。这种文脉资源不仅仅是苏州的名片，更是一种唤起场所精神的重要因素。场地滨湖的特点引起了设计团队的思考，如何将美丽的自然景观与地域文化结合，是方案设计的重中之重。因此，设计团队致力于打造"湖上的院子"——通过东西向的入口景观道和南北向的水道通廊来重塑江南水乡的精神，利用现代建筑语言来重现地域文化，从而完美地展现"湖上的院子"的规划理念。

2. 青山绿水—公共绿地—滨湖景观带—养生公园与会所

在设计过程中，设计团队以环境为设计的重点，通过自然要素的引入来对山水进行连接，在商业开发的同时补全了原本并不完整的景观序列。

人生而向往自然，而完整的景观序列会给人带来独特的生态体验。规划设计首先结合滨湖景观带，打造休闲养生的带状养生公园；其次，多个景观节点的设计加强了公共绿化带与地块内的联系，并将社区内的健康活力释放出来；再次，设计中的健康会所被放置在基地与养生公园之间，并将其作为小区主要出入口。设计形成的完整景观序列对场地进行了激活，使得住户可以更加积极地参与整体建成环境中，带动区域健康养生主题公园的格调与氛围，提升环境品质的同时也改善了人们的身心健康。

二、健康空间——空间体验

空间是设计的核心问题，因此空间体验成为贯彻健康理念的起点。设计团队通过对"住区—公共空间—院落—立面—户内"体系多层次多角度对空间层级的复杂性进行梳理，并结合WELL标准七大核心体系——空气、水、营养、光线、健身、舒适性、精神，来打造宜人宜居的人居环境

图2 院落式合院

和邻里关系。

1. 社区印象——酒店式落客区

社区会所同时担负了"健康+家"的展示功能和住区的入口功能。独特的交通流线设计将会所打造成酒店式的落客岛，形成了景观序列上一个重要的节点，提升了住户的入户体验。会所立面采用了新中式的设计风格，飘逸的折板造型点缀上青砖与格栅的细节，将建筑物的时代印记和泰山9号社区的轻松的健康气质完美融合。

2. 公共空间——全龄全天候活动场所

在低层高密度住区中，公共空间在承载场所精神的同时，也需要在时间、空间和年龄的三个维度中满足不同年龄层次客户的需求。在"湖滨休闲空间—中心花园—组团庭院"所形成的空间序列体系下，设计团队结合景观轴线、组团空间打造了多个不同层级、不同形态的室外空间，为全龄休闲、娱乐、社交提供健康、舒适的活动场所。

3. 院落式印象——组团合院式

在流传了千年的江南居住传统中，与其说院子是核心，不如说院子中的生活才是核心。在建筑单体设计中，我们引入了院墙的设计元素，将两排建筑组合成独立的院落空间，不仅降低了高山墙带来的压迫感，还加强了组团的可识别性，打破了行列式布局造成的空间呆板，丰富了住户的归家流线体验。

图3　别墅效果展示

图4　生活馆入口

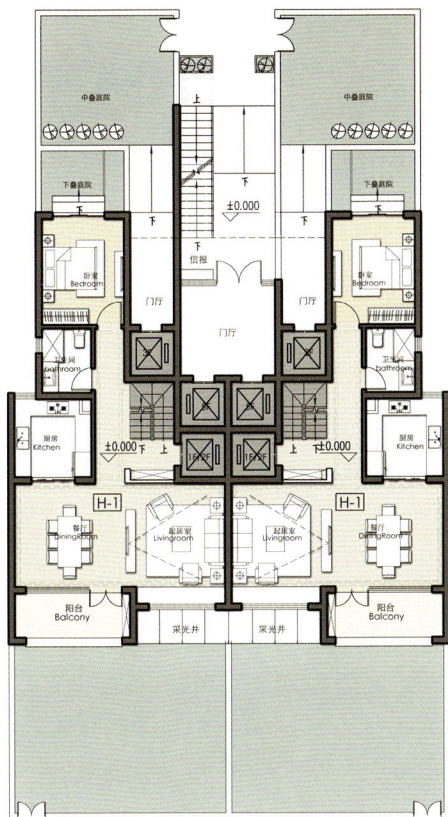

图 5 　六叠户型平面图

4. 立面印象——轻松明快的新中式

在立面的设计上，我们提炼中式建筑语言和意境，用现代材料和技术打造了立面层次丰富、空间变化的新中式风格。整体与健康社区、养生气质高度符合的立面风格，构图轻快、色彩明亮。尊贵的暖色系石材完美诠释了品质与气质，片墙加上轻巧优美的坡屋顶，形成轻松明快的细部质感，演绎了新时代的中式韵味，格栅等细节的植入则为健康生活提升格调。

5. 居住空间——健康家的生活方式

户型作为健康社区的基本单元，是住户使用最频繁的空间。我们提出了"健康·家"的户型设计理念，围绕 WELL 健康标准，从空间尺度、通透性、窗地比、使用流线等方面提出更高的设计要求。苏州泰山 9 号项目的主力户型均采用南向大面宽的横厅，所有空间明亮化设计，各功能空间更加舒适完整。在入户形式上，尽可能保证均好的私密入户设计。在主力六叠户型中，我们设计了创新核心筒，做到一梯一户的尊贵体验；每户赠送地下室，连接私家电梯，打造地下私家会客厅、地面私家庭院双入户流线的墅级感受。

在苏州泰山 9 号项目中，我们打造了一个健康养老公寓组团，以补充全龄健康社区的最后一块拼图。养老公寓组团户型以活力老人为目标客群。在平面设计上，所有户型保证至少有两间功能房南向布置，所有空间均能直接通风采光。无论是公共区域，还是户内空间，我们均考虑了适老化的预留和设计。

三、健康配套——精神体验

在历史悠久的江南古镇中，令我们惊叹的不只是居住空间与自然的和谐关系，还有公共建筑在整体环境中所带动的氛围。在项目设计中，公共建筑同时也起到画龙点睛的作用，配合公共空间创造更加健康的生活方式。

1. 泰山书院——心之归宿

在古代，书院不仅仅具有读书的作用，它更像是一个山林中的隐居之所——令人在独特的环境氛围中引发哲学思考。项目设计中，泰山书院承托了古代书院"哲思与交友"的作用，正所谓"谈笑有鸿儒，往来无白丁"，设计有图书阅览、生活知识课程、手工研习班等功能，在促进业主交流的同时，也在潜移默化地改变着每个人的精神状态。

2. 健身会所——健康之道

近些年来，亚健康成了现代人类心中共同的痛。因此，社区中配备了健身会所和健康管理中心，健康会所的设计与怡人的社区环境相辅相成，为住户的健康生活提供保障。

结语

在设计结束后，设计团队不断自我拷问，作为设计者，我们需要为使用者的健康生活负责任吗？

答案是肯定的。

"以人为本"并不是一句流于表面的空话，而是设计者的初心。不忘初心，将住区设计与住户的切身生活体验相结合，在满足规划指标的同时为业主创造更加健康的生活环境，应该是每一个设计者所重点关注的。

鲁能泰山 9 号，让孩子活得开心，让中青年活得轻松，让老年人活得有尊严。

"颐养姑苏，乐活盛泽""健康＋"产品系的完美诠释
——苏州鲁能泰山 9 号展示中心室内设计

上海曼图室内设计有限公司　　夏岚

2016 年 3 月 5 日，"健康中国"上升为国家战略，被纳入《十三五规划纲要》，从八个方面全面实施，2016 年 10 月 25 日，中共中央、国务院印发了《"健康中国 2030"规划纲要》，为中国康养地产提供了明确的细则和要求，着力推进五大任务：①普及健康生活、健身运动，塑造身心平衡的健康生活方式；②优化健康服务，强化公共卫生服务，创新医疗供给模式；③健全医疗保障体系，改善医保管理服务体系；④建设健康的社会环境，展开大气、水、土等污染防治；⑤发展健康产业，推动非公立医疗机构发展，推动健康医疗旅游等健康服务新业态。

中国健康产业规模占 GDP 比值落后于中高等收入国家水平及主要发达国家，具有较大的发展潜力，人口老龄化、环境污染、健康问题及政策支持将进一步推动健康产业高速发展。

结合时代与政策的契机，鲁能的六大健康发

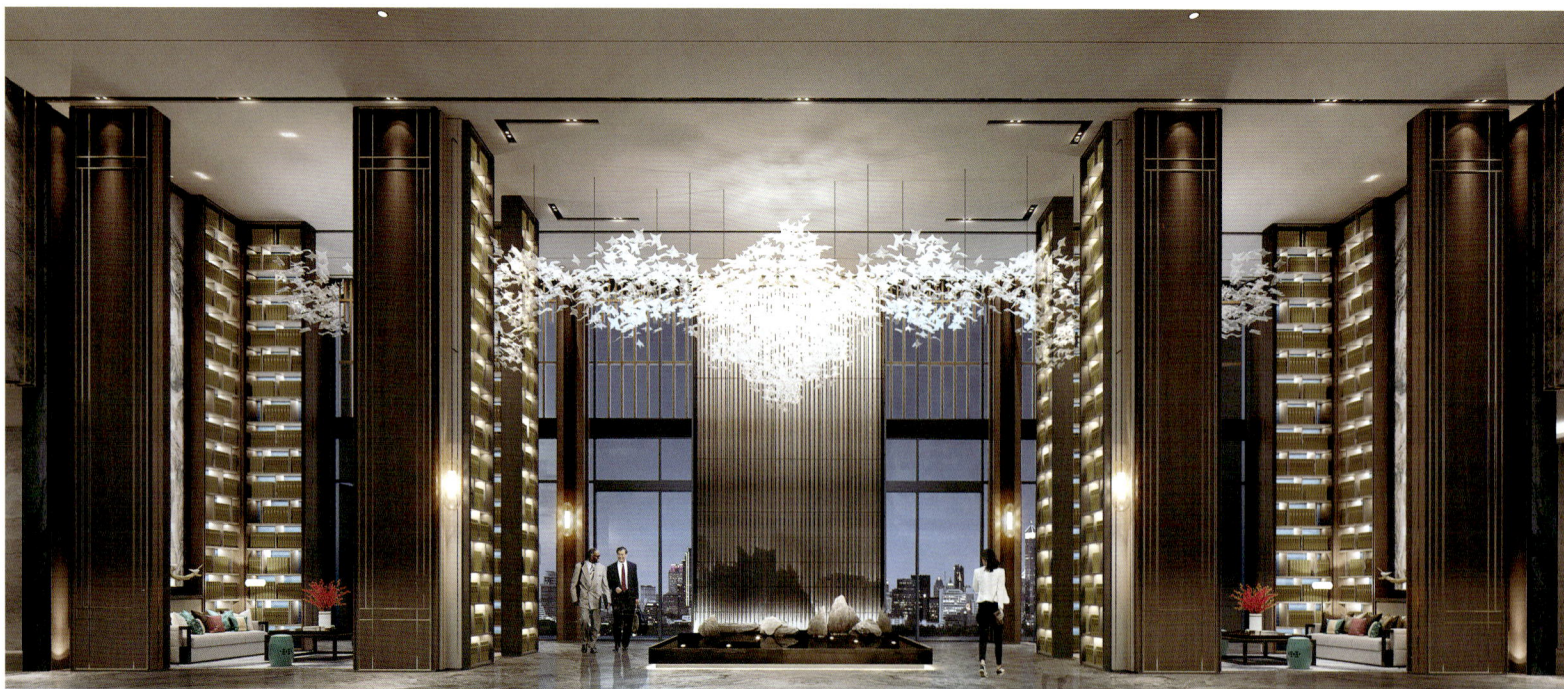

图 1　入口大堂

展路径为健康＋公寓、健康＋社区、健康＋商业、健康＋度假综合体、健康＋特色小镇、健康＋产业园，依托完善的生活配套、区位、环境优势、资源优势、龙头产业发展，构建健康产品线。

此项目以健康＋公寓为主，核心理念为"快乐养老"；人群为处于56~65岁的黄金十年，身体健康、以自理和半自理老人为主的全阶段老年人；产品功能模块为健康食堂、鲁能泰山书院、24小时医疗护理站、运动康复馆、健康公寓。同时本案毗邻沈周主持修建的沈公堤，且沈周晚年于盛泽湖边颐养天年。由此我们挖掘吴门画派宗师以及吴门画派的文化内涵，探索沈周与盛泽湖的历史渊源，力图在项目中延续"锦绣江南·风雅名仕"的人文意蕴。

一、功能设计

项目立足于苏州吴地文化，融合"鲁能泰山9号"活力康养、智慧健康、绿色焕活三大核心健康服务体系，打造一个以当代健康生活为主题的江南水乡栖居地，完美呈现"水上的院子"的规划理念。小区的主入口形成一个鲁能泰山9号展示中心，兼作营销中心、第二会所及社区配套。展示中心延续建筑的整体格调，融入书院及山水的概念，包含全龄体育CLUB、泰山书院、社区云配套等功能空间，并把健康理念植入其中，增加便民互动，打造健康生活。

二、空间动线

以中庭入户大堂为界限，将会所划分为东西两个功能区域，东侧为社区云配套，西侧为咖啡书院及体育空间，做到动静分离，动者争美誉万千，享年华无限；静者听窗外风雨，看花开花落，品诗书无限。

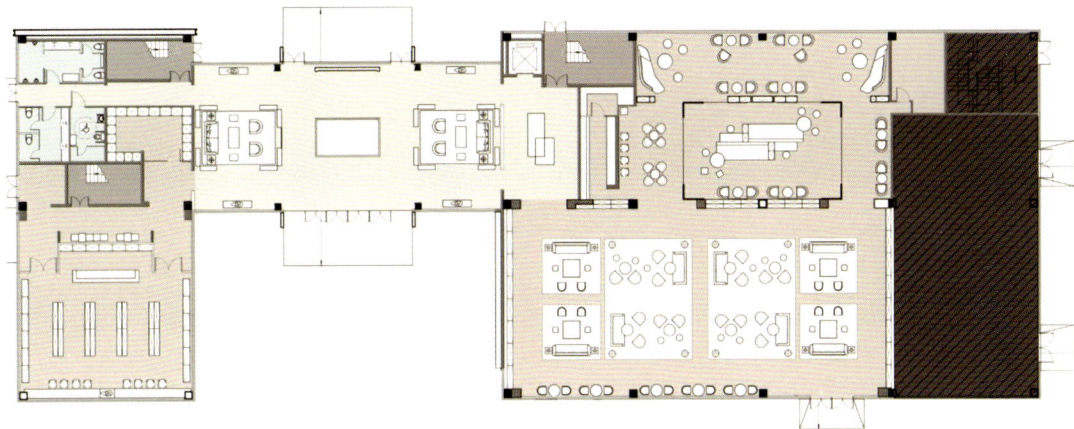

图2　一层平面图

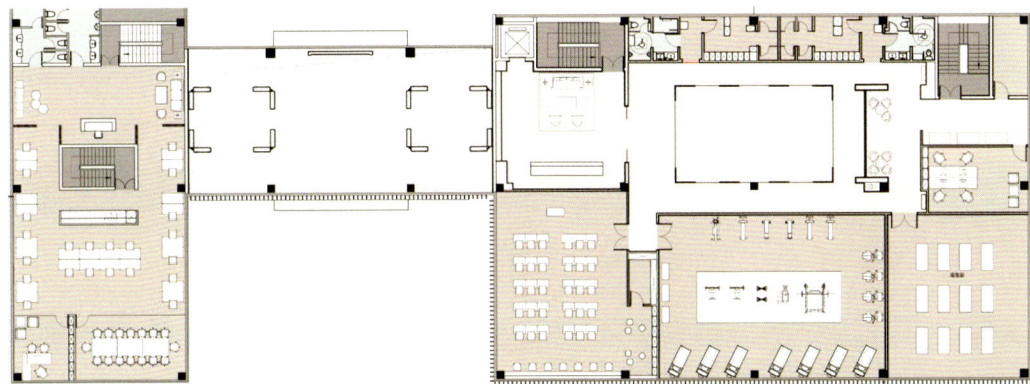

图3　二层平面图

三、入口门厅

书院式接待大堂，两层挑空，直立通高的书架及对称式的装饰手法，营造出皇家书院独有的仪式感和序列感。深的木，灰的石，星点的光，别致的景，些许的金属点缀，勾勒出理性的气质和奢华的感受。一旁设有云柜，线上线下便捷式储物；门厅不远即是超市，提供便民服务。

四、泰山书院

泰山书院空间方正，整齐的书架笔挺直立，天花序列排布，庄严的气氛下加入组团式休闲沙发，丝质抱枕、色彩的点缀让氛围增加了一点活泼的味道，金属凳与桌几提取古典元素，与现代时尚的生活调性相辅相成。融合中西经典文化特长，突出国学经典及人文养成，泰山书院成为面向老人和儿童的文化学习交流空间；利用社群基础，以泰山长者俱乐部构建社群交往圈层。书院不只是幽静的研习场所，也可作为交流交往空间。以鲁能泰山书院为主要空间载体，以文化学习、兴趣活动为核心，积极发挥具有特长的老人及儿童的兴趣，组织活动，增加交流，丰富生命体验，进一步增进居住者的身心健康。

五、咖啡＋接待

泰山书院通过书架的过渡，延伸至咖啡休闲

区，二者自然和谐，形成一个集阅读、展示、交流聚会于一体的多功能场所，贯通着鲁能泰山9号生活馆的核心理念。人们可以选择在四周围绕的镂空书架中徜徉书海，释放探索生命外延的天性，感受书籍带来的内敛与宁静。

六、全龄健身

健身房采用雅致的江南语言，搭配现代的功能设施，让空间呈现多样化和丰富性，为繁忙的工作和生活提供一处放松与闲适的空间。细节的处理与整体空间的风格特点相呼应，针对亚健康人群，给予健康理疗、舒压运动，关注全龄身体身心健康，达到休闲、改善身体机能的目的。健身房为半阳光房的设计，创造与自然亲密接触的机会，让人们在运动时享受阳光的温暖与自然环境的美好。

图4　大堂休息区

图5　洽谈区

图 6　咖啡吧

返璞归真下的大健康社区
——6维健康（6S）系统下的人居社区

深圳市喜喜仕景观设计有限公司　　王志芳

充足的阳光、干净的水、洁净的空气、互动的友邻、参与性强的活动场地等日益成为现代城市居民追求美好生活、提升幸福指数的核心要素，老龄化、精神压力、亚健康等热门概念在近几年受到广泛关注。随着人们越来越追求居住的内涵，未来社区营造必将更加追求功能的回归与全年龄段业主的需求。健康社区的建设正是应对了新经济发展阶段中市民的最广泛需求，健康住宅以其稀缺价值正变得炙手可热。

苏州鲁能泰山9号坐落于苏州盛泽湖湖畔，总占地面积为 11 万 m²，其中展示区面积为 4 万 m²，是一个整合景观功能，融合健康理念，嫁接鲁能体育资源，实现养生居住、家庭度假、运动休闲、亲子游乐等功能的生态全龄健康养生地产典范。景观设计的核心竞争力在于"健康景观"。所谓"健康景观"是指能够对人的健康和康复产生有益影响、促进人们形成积极的生活方式的景观，即基于健康理念的景观设计。景观设计通过对业主痛点的分析，结合合理的景观上位规划、业主的切身需求和大健康社区理论，从六个系统（6S）体现景观环境健康——S1 景观规划健康、S2 环境健康、S3 文化健康、S4 身体健康、S5 心理健康、S6 社群健康。

一、S1 景观规划系统健康模块

鲁能泰山9号在整体规划之初，通过建筑、景观、室内一体化设计原则对社区景观规划进行了指导，提出风光声场地定位、合理场地服务半径、人车分流、绿色慢行、全园区无障碍等理念。

1. 风光声及服务半径定位场地

合理运用气候软件对场地性能进行科学分级和量化，得到最佳布局功能。日照 0~3 小时设置纳凉类室外休闲场地；日照 3~5 小时可设置互动性活动场地，如儿童和老人的活动场地、运动类型活动场地；日照 5~7 小时，则由于日照过于强烈，需要考虑适当的遮阴和降温措施（图1）。在风环境方面则秉承儿童及老人活动场地要求最优的通风条件为原则考虑设计（图2）。社区活动场地服务半径则考虑了各类人群的身体及心理特征，如老人和幼儿活动半径低于成年人。

2. 全园区人车分流

全园区实现人车分流，将车行在社区外围入库，园区内实现纯人行的道路系统；设置最便捷的回家路线，尽量缩短回家路程。

二、S2 环境健康——内外双园林，无边界景观视线

根据上位规划，苏州鲁能泰山9号位于盛泽湖景区东南侧，隶属于整体规划中的文化宜居片区，景观设计则依托于优质的外部景观资源，提

日照舒适度分析		
■	0~1 小时	适合设置纳凉类休闲场地
■	1~2 小时	
■	2~3 小时	
■	3~4 小时	适合设置互动性活动场地，可较长时间使用
■	4~5 小时	
■	5~6 小时	日照过于强烈的区域，需要考虑适当的遮阴和降温措施
■	6~7 小时	

风环境舒适度分析				
舒适度类别	不同时段最大风速概率			
	52 次 /Y	12 次 /Y	1 次 /Y	
A	3.6	5.4	15.2	基本适用各类场地
B	5.4	7.6	15.2	活动场地
C	7.6	9.9	15.2	
D	9.9	12.5	15.2	道路及停车场
E	不满足以上要求			不适于人员活动

图 1　日照分析、风环境分析及场地定位原则

社区场地活动类型	场地风光参数舒适性主要参数特征				
	风环境	空气质量	日照	服务半径	安全性及其他
0~3岁儿童活动场地	距地0.5米高处 冬季风速v小于3m/s 夏季风速1<v<3m/s	空气流通最佳	冬至日上/下午各保证大于2小时日照 夏至日上/下午各保证大于2小时阴影	250~300m	场地及周边无磕磕绊绊的隐患，选址交通最为便利、范围独立、视野无死角、周边缓冲退距、软性灌木或材料围合
3~6岁儿童活动场地	距地0.9米高处 冬季风速v小于3m/s 夏季风速1<v<3m/s	空气流通较佳			
6~12岁儿童活动场地	距地1.2米高处 冬季风速v小于5m/s 夏季风速1<v<5m/s	空气流通良好	冬至日上/下午各保证大于1.5小时日照 夏至日上/下午各保证大于1.5小时阴影		
老人活动场地	距地1.5米高处 冬季风速v小于5m/s 夏季风速1<v<5m/s	空气流通良好	冬至日上/下午各保证大于1.5小时日照 夏至日上/下午各保证大于1.5小时阴影	200~250m	场地及周边无磕磕绊绊的隐患，选址交通最为便利（毗邻儿童场地为佳），场地相对独立，视野无死角
中青年活动场地	距地1.7米高处 冬季风速v小于5m/s 夏季风速1<v<5m/s	空气流通良好	冬至日上/下午各保证大于1.5小时日照 夏至日上/下午各保证大于1.5小时阴影	500~1000m	场地及周边无磕磕绊绊的隐患，选址交通最为便利 通风透气的场地为宜

图2 场地风光参数舒适性主要参数特征

出内外双园林及无边界景观视线的创新理念。展示区设计不再拘泥于用地界限的限制，通过与外部环境的合理串联，打通内外人行流线，将社区活动渗透到沿湖弹性用地里。在景观视觉上，提倡无边界景观视线（图3），通过高差、地形、植物绿化设计（图4），预留出通透的景观视线，

可谓"临风邀月，坐拥天下"。

三、S3文化健康——文化渗透景观，打造有故事的展示区

苏州乃江南水乡，本案又位于盛泽湖湖畔，因此景观空间紧扣烟雨姑苏的主题，将江南水乡泽国的原生态景观与烟雨姑苏的唯美调性相结合（图5），营造一个生态自然、遗世而独立的世外桃源之境。薄雾、清泉、大量原生水草、芦苇、碧波淼淼、水鸟翔游，颇似诗人笔下桃花源的水岸风光。

1. 茂林修竹，文人格调

在本案中，随处可见幽林修竹的景象。苏州鲁能泰山9号设计取自于中国隐逸诗歌元素，"竹"便是其中的重头戏。本案意形苏州园林，通过现代的表现手法，将竹在园中的景观功能运用得淋漓尽致。营造竹径通幽的境界，巧植竹林的静雅，或用于亭台点缀，可谓浑然天成。

2. 水墨青花，雅然静默

吴中风雅素来有水墨青花、丹青山水的姑苏印象。泰山9号在此基础上提升项目品质，引入青花瓷元素。在素雅静默的园中，点缀青花瓷流水景墙，好似大户人家楼阁之中的一位精致的女子，傲然园中，风华尽显。

3. 沈公遗韵，千山叠嶂

苏州泰山9号地块位于盛泽湖沈公堤，沈公的《烟江叠嶂图》描绘了一幅蔚为壮观的吴中风

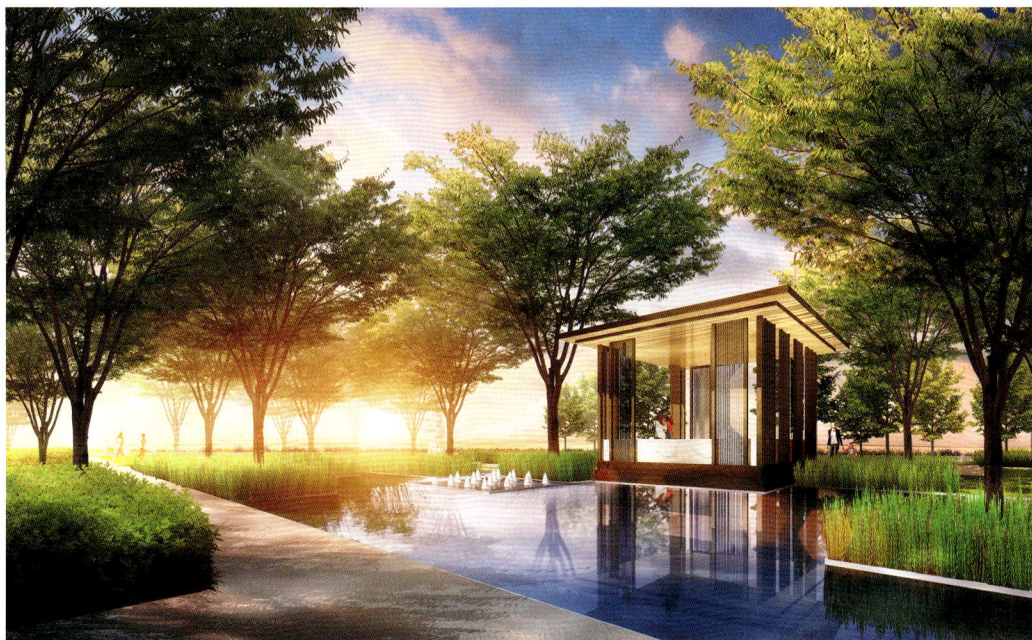

图3 无边界景观视线 & 内外双园林

片植高挺水杉林 （相对隐私）	片植低矮花灌木 + 水生植物 （打开视线）	片植高挺水杉林 （相对隐私）	片植低矮花灌木 + 挺水植物 （打开视线）	片植高挺水杉林 （相对隐私）	片植低矮花灌木 + 水生植物 （打开视线）	片植高挺水杉林 （相对隐私）	片植低矮花灌木 + 水生植物 （打开视线）

图 4　无边界景观视线之植物处理方式

光，本案缩千里江山于方寸，运用摩登东方当代设计手法，将烟江叠嶂的气韵植入泰山 9 号的整体设计中来（图 6）。小桥流水、片石组合，穿过树影斑驳的入口，水雾缭绕，跌水倒映着云开云合。进入空间，一幅联结姑苏千百年人文和当下诗性生活的写意画卷缓缓打开。

四、S4 身体健康——全生命周期的功能活动场地

以埃里克森的人格发展阶段理论为架构，按照人群的年龄和心理发展需求划分为儿童、青年、老人活动场地结构，打造社区全生命周期健康活动场地。苏州泰山 9 号，以健康为核心，涵盖社区生活时间、空间、年龄三个维度，充分考虑老人、青年、小孩等不同人群在社区中的全天候生活需求（图 7），打造包括滨湖休闲空间、中心花园、组团庭院在内的多个空间活动场所，满足客户观赏、玩乐、运动、交流等多层次需求，真正做到"望天、赏湖、增寿、轻生活"，适合全年龄段群体居住。

五、S5 心理健康——关注心理健康，提出社区心灵静修场所（冥想花园）

人的心态情绪会受到环境舒适度的影响，项目通过对心理物理测验得出自然环境中的有效健康因子，对视、听、味、触等感官刺激进行优化设计来达到提升健康水平的目的。苏州鲁

图 5　环境健康（江南水乡泽国的原生态景观与烟雨姑苏的唯美调性相结合）

图 6　环境健康（沈公遗韵，千山叠嶂）

能泰山9号冥想花园（图8）位于泰山书院南侧绿地，毗邻盛泽湖水域，拥有一片天然芦苇荡。整个花园运用条木、夯土、机制石作为空间的主要材料，空远的环境为业主提供了一个释放压力、重振精神的空间，让人似乎透过这里就能看到真正的远方。

六、S6社交健康——提倡参与型互动性的景观功能空间

现代人看手机的时间达到了每天空闲时间的53%，缺失了与邻居、家人交流的机会。能够促进家人、邻里交流的设计才是好的景观设计，打造复合型功能空间才是大势所趋。鲁能泰山9号在社区公共空间设计中秉承这一原则，将中心庭院空间打造为合家共享空间，囊括了静心阅读休闲、老人康复、萌宠乐园、百变草坪活动空间，让场地在真正意义上做到全家参与、互动娱乐。这里为业主提供了一个休息观赏的空间，也可作为人们会客攀谈的室外客厅或孩子们学习的第二场所，复合型功能显著提高了场地利用率。

可以预见，随着产业转型和消费升级的不断进行，每一个消费者对健康的要求会越来越苛刻。作为泰山9号产品的核心设计理念，6S人居景观体系的建立是地产行业新阶段新需求下的必然结果。健康也不仅仅是建筑内部和建筑本身关注的问题，景观应该从以下几个问题审视设计：如何将业主从室内引导到室外？如何实现人与自然、人与人、自然与建筑之间的融合？如何实现场地的参与性与互动性？这将是项目开展之初，设计师首要关注的问题。未来健康社区应当更深刻地从身体健康、心理健康、社交健康等几大板块进行精细化的景观设计，打造一个适合全生命周期参与的成长型健康社区。

图7　全生命周期的活动场地分析（儿童游乐）

图8　冥想花园

青岛即墨鲁能公馆

地点：山东省青岛市即墨经济开发区

占地面积：4.69 万 m²

总建筑面积：10.48 万 m²

建筑设计：上海天华建筑设计有限公司

室内设计：上海曼图室内设计有限公司

景观设计：深圳市喜喜仕景观设计有限公司

设计时间：2016 年 9 月

青岛·即墨
鲁能公馆
LUNENGGONGGUAN

开启即墨叠墅时代
——青岛即墨鲁能公馆建筑设计

上海天华建筑设计有限公司　　唐典郁

本案地块位于即墨市省级经济开发区蓝色新区，周边风景秀丽，西南面远眺盟旺山公园，位于明达路以南，文山路以东，盟旺路以北，临川路以西，区域交通四通八达。

建筑类型以叠墅为主力，并与多层洋房住宅、高层住宅及社区商业配套等形成高低错落、形态丰富的城市界面，其中住宅共计 439 户，叠墅共计 174 户。

传统与现代的碰撞：游礼有序的规划设计

鲁能公馆作为即墨新区的高品质现代社区，我们在设计时不仅立足生态、健康、运动、娱乐、科技——现代住宅的五大维度，同时也兼顾了山东礼仪之邦的地域特色，创造出一个游礼有序的高品质活力社区。

"游"：鲁能公司"体育 +"产品线体现"运动、自由、活力"等特征，可用"游"字概括。

"礼"：礼是中国传统秩序的象征，更是山东礼仪之邦的精神内涵。整体规划规整大气，多层区域呈中轴对称，体现"礼序"文化。

本案打造出一栋栋会"交友的房子"，将区内消防环道结合铺地景观打造成为居民的绿色

健身步道；专属的儿童活动空间——稚子园，为儿童提供一方成长的乐园；也有适合老年人散步、休闲的"慢生活"长者天地。将里坊邻里空间打造成亲子绿地活动场地，邻里融洽，

孩子有了玩伴不再孤单，创造出一个完整充满活力的"体育 + 多功能全龄全生命周期生活示范体系"。

图 1　鸟瞰图

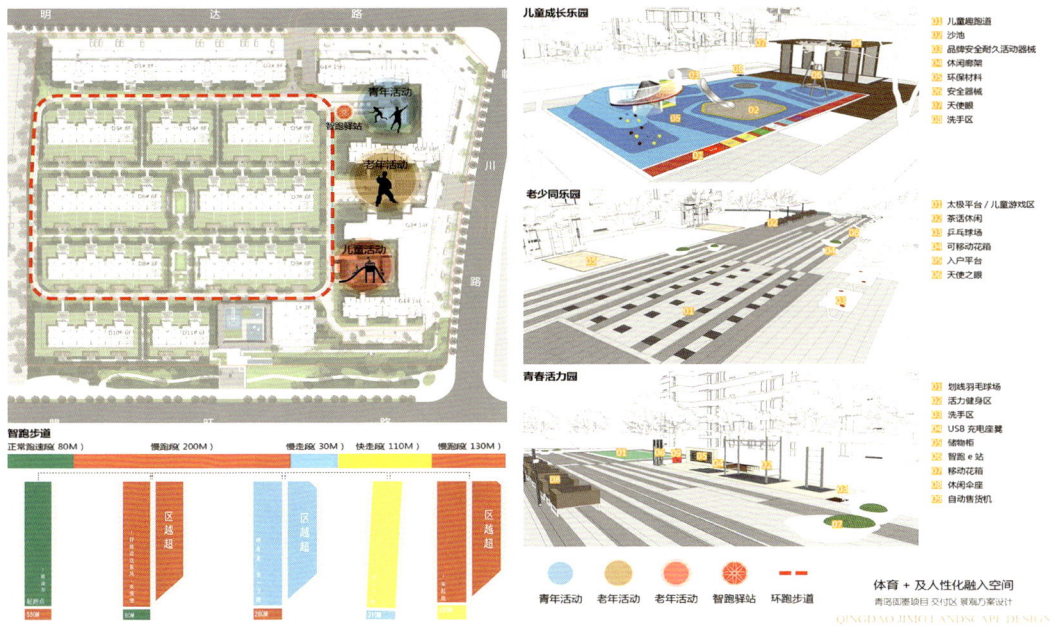

图2 体育＋及人性化融入空间

图3 叠墅南立面图

创新生活：新叠墅时代

经过调研，即墨市场上暂未出现过叠拼类产品，多以洋房、高层、独栋别墅类产品为主。而新区周边又多为高层及洋房。叠墅和其他普通别墅一样有天、有地、有花园的私密生活空间，其优越的品质感在新区地带脱颖而出。同时我们希望叠墅产品在新区起到抛砖引玉的效果，引领新区的创新住宅风。

低密叠墅作为小区高端住宅产品的代表，在具有别墅体验感的同时，实现每户都有天有地，通过入户方式的组织达到单体别墅的独门独户体验感，是性价比极高的类别墅产品。

叠墅作为全生命周期的产品，不仅适用于青年俊杰的两口之家，在时间的变迁中，家庭成员依次由夫妻二人升级成三代同堂的六人也依然适用。叠墅户型具有超高附赠空间，全明格局，四室两厅两卫，下叠有天有地，赠送超大南院北院及地下室空间，给予住户私密归家感受，层层院落入户，尊享别墅豪宅体验。中叠附赠北院及空中花园，同时也兼顾了别墅的独立入户的体验感。上叠附赠屋顶大露台，享受一览小区花园的豪华景观。叠拼得房率达85%，附赠户均面积高达50m²，具有极高的溢价力与吸引力。立面上也同时考虑改造前后不同进行设计。

创新立面：新区中的现代公建风

在社区的整体风貌上，我们希望高层、多层住宅遵从现代公建风格，讲究横向线条构图，简洁大方，体现新区的特点气质。在立面设计上，摒弃过多装饰风格，回归建筑本身，通过强调建筑体量的虚实对比，以横向线条简洁的肌理感以及玻璃栏板等现代元素，体现出公建化的建筑形象，使其在新区中脱颖而出并契合整体风格，成为城市肌理和谐的一部分。

住宅建筑

　　一个有品位有格调的社区需要立面与造型的支撑，住宅作为整个社区的重要元素，应融入创新元素，以契合当下住宅设计趋势及新区特质。

　　高层住宅造型大量运用现代元素，立面风格更为简洁、俊朗。现代风格的横向线条搭配大面积玻璃，融合经典的三段式处理手法，遵从古典秩序，讲究对称构图，体现高贵内敛的艺术气质，打造"现代、典雅、高品质"的建筑形象。我们采用了现代公建风格，并将其精髓运用至鲁能公馆项目中，强调横向的线条及轻巧的玻璃与栏杆，对细部线脚比例进行精细的考究，运用浅黄色石材、真石漆与深灰色铝板形成明显的空间肌理。

　　叠墅立面呼应了高层造型，均采取浅黄色色调作为主打，大面积玻璃开窗与深灰色金属铝板体现尊贵奢华质感，使其与众不同，简约而不简单。作为即墨首个叠墅产品，现代的立面也呼应了创新元素，相较于其他传统别墅，更有新区的现代、精致生活的体验。这也符合叠墅产品隐于小区中央内部，凸显社区奢华而不张扬的气质。

南大门展示中心

　　展示中心作为小区形象的主要入口及城市主干道界面的标志性建筑，既要凸显社区品质，又要融合现代风格。建筑体量端正，设计简练，运用

图 4　高层南立面图

图 5　展示中心沿盟旺路透视图

"box"的体量咬接，通过大面积石材与幕墙达到虚实变化。细部通过对玻璃幕墙的划分及石材的分缝压边，达到整体简约而细节细腻的效果。南侧幕墙外格栅为室内营造出丰富的光影效果。

庭院作为展示中心与外界衔接的重要部分，风格与售楼处融为一体，斜切面配合竖向石材构件，打造精美入园感受。庭院内局部水景与景观小品布置，演绎出一幅"松下清风石上泉"的画卷。庭院四周设有休闲廊道，不仅有挡风遮雨的效果，并且起到引导人流导向的作用。

东大门

东大门作为底商的延展界面，连接起临川路整体商业界面，并在有序的商业界面中打破一成不变的模式，使商业界面更为灵动丰富。东大门作为小区次入口及地库分流出入口，不仅解决了地库平进平出的问题，更完美消解了场地内外大至4m的高差台地，大门两侧作为机动车对称的地库口，利用中央大跨度的构架，形成中轴对称的景观梯的形式，缓解了原始高差的陡坡，并且通过景观处理，为业主营造出独有的归家体验。

大面宽、改善型洋房及高层

洋房产品四面宽朝南，全明格局，充分利用了面宽资源；独立玄关入户，收纳空间丰富；南向双面宽大阳台，视野极佳。通过市场调研，在房型设计上，洋房高度契合即墨洋房市场。

高层沿东侧临川路布置，面向城市界面，因此统一采用封闭阳台，公建化立面更为显著，更契合即墨新区的现代化特质。鲁能公馆引入人性化设计理念，在打造园区入口的同时，打造入户双大堂（地库大堂及地面入户大堂）、私密归家三重归家体系，使业主体验到高品质社区环境。

结语

即墨鲁能公馆于2017年7月完成建筑及规划设计部分，历经三百多个日夜，也是整个天华二所建筑团队与鲁能集团等公司经历了风风雨雨共同完成的。我们天华二所秉承先于客户所急、多于客户所想的服务理念，积极配合鲁能集团等公司，最终创造出一个与众不同的、富有地域特色的鲁能公馆。

"灵感点亮设计，匠心铸就品质。"一起期待明年的即墨鲁能公馆与我们相见！

图6 展示中心内庭院夜景效果图

图7 东大门效果图

济南鲁能领秀城漫山
香墅天麓

地点：山东省济南市市中区

占地面积：11.46 万 m²

总建筑面积：28.43 万 m²

建筑设计：筑博设计股份有限公司

设计时间：2016 年 2 月

关于改善型住宅产品使用需求的研究
——以济南鲁能领秀城漫山香墅天麓为例

筑博设计股份有限公司　　史子柔

概述

英国首相温斯顿·丘吉尔曾说过："我们塑造了建筑，而反过来建筑也塑造了我们。"对于住宅设计而言，用户选择了住宅，住宅也反过来影响与塑造了用户的习惯与生活方式。在当前市场上，改善型的居住购买需求开始增长，国内的住房消费观念开始从经济转为舒适。

改善型住宅产品是指户型面积 130～300m²，居住标准介于刚需型产品与豪宅型产品之间。其购买用户多为年龄 30～55 岁、家庭收入稳定的社会中产阶层。这一阶层人士的子女大多已出生，并有生育二胎、看护父母的考虑，家庭人数 3～5 人。由于经济条件较好，用户更加关注住宅的舒适性与品质感；此类用户的使用需求复杂多样，需要足够的面积空间与功能设施来满足其需要。

作为鲁能领秀城的收官之作，漫山香墅天麓定位于高端社区，基地分为 Q2、Q3 东西两个地块，南侧环山，具备良好的自然景观资源。

对于改善型住房客户群体而言，他们对住房面积的需求不同于投资性群体和首次置业的刚性需求群体。该类型客户多为中青年人，其要求的改善型住房一般面积较大，基本上在 120m² 以上。中年人的改善型住房需求则要求功能比较齐全，他们更注重产品的舒适性，如朝向更好、阳台更大、近距离观赏景色等。当然，优秀的产品设计，是这类群体最主要的需求特征。

平面布局方面，居住者存在着对专属性、舒适性、灵活性三方面的需求。独立的入户方式，是家庭成员各自生活的互不干扰，对后期生活需求的提前考量，成为能够打动这一购买人群的重要因素。

建筑形态方面，建筑形态是住宅产品的外在与门面，是购房者对社区的第一印象。由于改善型购房者经济地位的不同，这一人群的教育背

图 1　9F 洋房产品

景、文化品位也与刚需型购房者有一定的差别。具有合理性、品质感、地域性的建筑立面形态易于被这一人群所接受。

以240m²产品为例，在平面布局上，从以下几个方面研究了改善型住宅的特点。

一、专属性

（1）独立的入户方式

考虑到240m²、280m²产品的品质较高，其使用者具有较高的私密性要求，在设计时采用各自直接由电梯入户的形式。南侧电梯分开设置，

采用隔墙分隔，使用者各自由电梯独自步入住户，提升了私密性与产品品质。在北侧设置了一部疏散楼梯，在火灾发生时，疏散人员可以直接由各家的生活阳台直接进入疏散楼梯逃生。

（2）套房式卧室、互不干扰的生活方式

240m²产品的主卧室采用卧室+衣帽间+卫生间+书房的形式，尽可能减少家庭成员日常生活的干扰。端头区域整体划归主卧空间，占据全屋近2/3的面积，提升了尊贵感。完善的功能空间可完全满足夫妻二人的睡眠、工作、更衣、如厕、清洁的需要，同时相对独立，不存在对家庭其余成员的干扰，可满足使用者的心理需求。

表1　平面布局需求分析

平面布局方面		
专属性	独立的入户空间，私密性最大化满足	
	套房式卧室，互不干扰的生活方式	
	工作生活空间相分享	
舒适性	房间布局方正，通风采光良好	
	适宜的空间尺度，满足充分的使用需求	
	充足合理的厨卫空间	
灵活性	收纳空间的最大化	
	提前预留育婴空间	

表2　建筑形态需求分析

建筑形态方面	
1	富有品味的建筑立面与入户空间
2	地域性文化特色的社区环境
3	高端品质的建筑材料

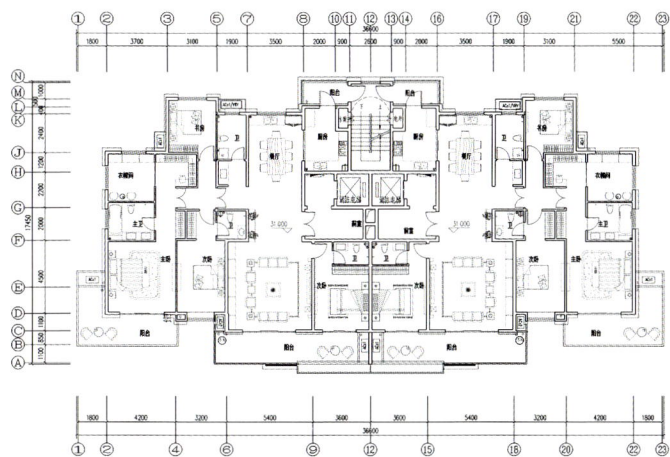

图2　240m²标准层平面图

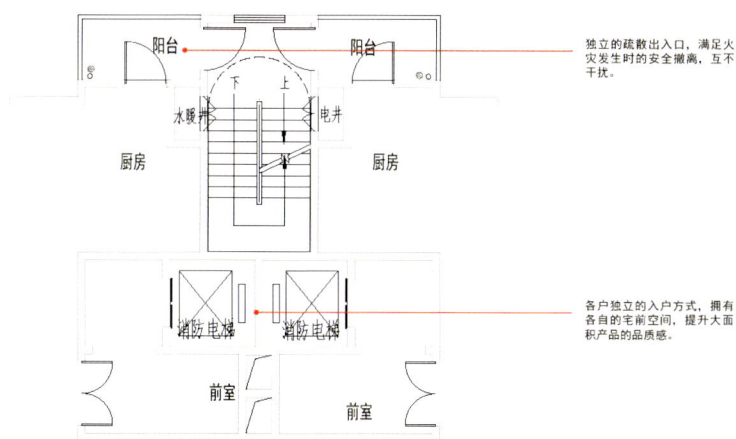

图3　240～280m²产品核芯筒平面示意

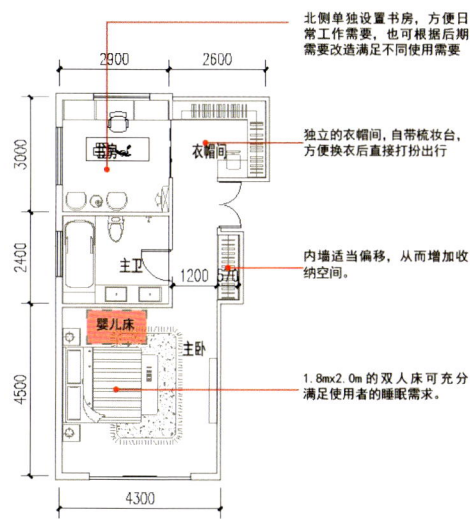

图4　240m²产品主卧平面图

二、舒适性

（1）房间布局方正，通风采光良好

从图中可以看出，240m² 产品采用 1 梯 2 户布局，4 面宽采光，南北通透，日照良好。

（2）适宜的空间尺度，满足充分的使用需求

客厅与餐厅，作为家庭重要的公共区域，统一采用客厅直通餐厅的形式。同时做到南北通透，采光充足。

客厅面宽 5.4m，进深 5.6m，可容纳 8~9 座的沙发与相应大小的茶几，完全可以满足使用者的大规模待客需求。餐厅面宽 3.5m，进深 6m，可以容纳 8~10 座的餐桌，供大型家庭聚餐使用。

三、灵活性

（1）收纳空间的最大化

伴随着家庭生活的发展，改善型用户通常带有大量的生活用品杂物，而杂乱的摆放会造成居住品质的下降。只有对收纳空间的最大化利用，才能解决这一问题。

在户型设计初期将收纳空间分为主要收纳、次要收纳两种。其中主要收纳空间为日常常见的衣柜、书柜、橱柜等物，方面存取。而次要收纳空间则利用如床垫下、沙发下、局部房间吊顶下降产生的次要空间来收纳如换季衣物、书籍等不常用物资，通过这一方法将收纳空间扩大到户型面积的 80%，从而做到收纳空间的最大化。

（2）提前预留育婴空间

当家庭迎来新成员加入时，家庭成员整体的生活重心便随之改变。只有在设计初期对这一问题加以考虑才可以尽可能满足育婴需求。

在主卧区域，如图 4 所示的前期的哺乳时期，在主卧室预留婴儿床位置，方便夜间孩子的照顾。在后期将主卧旁的书房改为儿童房，既可以满足家长照看，也可以培养孩子的独立意识。

在客厅区域，如图 5 所示的在客厅与餐厅之间预留儿童活动区域，方便家人在日常活动的同时看护小孩。同时在餐厅端头加设独立的橱柜冰箱，既可以单独放置孩子的餐具、食材，也可以单独烹饪儿童食品，做到安全卫生。

四、地域化

在建筑形态方面，以 190m² 产品为例，我们认为首先要提供富有品味的建筑立面。

由于改善型购房者已步入中年，性格已较为成熟内敛，一味前卫现代的建筑风格并不能为这一类人群所接受。同时考虑到项目地处山东这一孔孟之乡，故而在项目立项初期漫山香墅天麓便定位于高端中式建筑风格。

190m² 产品采用竖向 3 段式（基座、主墙面、顶部）布局，顶部中式屋顶挑檐处理手法整体布局方正对称、简洁大气。一方面通过材质和建筑体块关系将建筑立面整体横向划分为三段式，另一方面采用竖向遵循中轴对称、均衡构图原则，形成立面的序列感。

其次，应塑造具备文化特色的社区环境。

通过中式符号提炼升华，彰显高价值的新东方美学表现形式的同时，也尊崇本土舒居生活的源泉，将外在的美学价值表现形式与内在的哲学价值表现形式融为一体，营造丰满的产品价值。重点在单元门、庭院、窗格等主要建筑构件上采

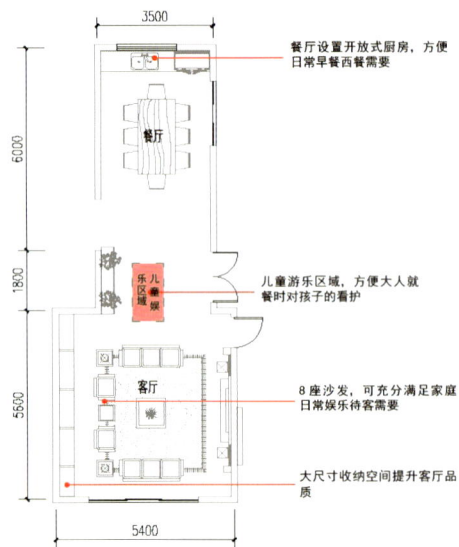

图 5　240m² 客厅与餐厅平面

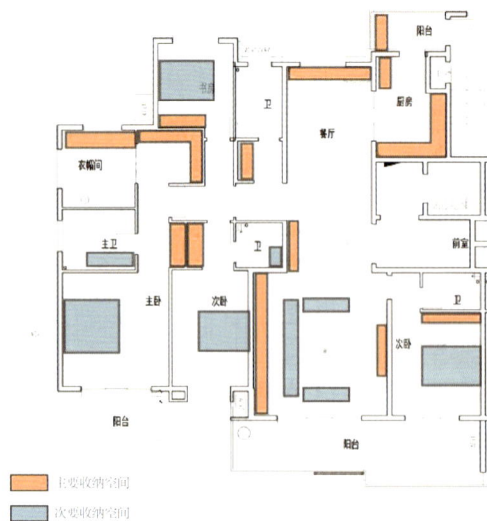

图 6　收纳空间分析

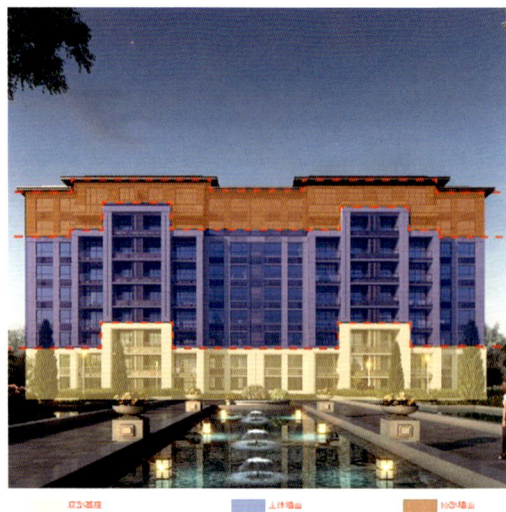

图 7　190m² 产品建筑形态分析

用满足适宜比例、富有中式特色的装饰元素来满足整体建筑环境。

以人文记忆来营造中原传统文化的氛围，不仅灵活地保留了传统景观元素和空间布局，更加讲究开阔从容的交往空间，创建具有文化内涵和现代舒适生活的多元化庭院景观，同时遵循中国传统院落回归自然的三重境界：物境、情境和意境，打造中原大院。

第三，应采用高端品质的建筑材料。改善型建筑用料的档次只有在品质档次上明显优于刚需型产品才能获得更高的溢价，才能更加塑造"领

秀城"的高端品牌。

五、品质感

鉴于项目中高端的定位，在建筑选材上基于尊贵、经典、舒适、精致的原则。

（1）在建筑底部、入户大堂处选用深黄色石材外挂于建筑表面，突出尊贵的入户感受。

（2）在建筑中部墙面处采用米白色为主的仿石涂料喷涂，达到美观、合理、适用的效果。

（3）在建筑顶部粘贴深棕色劈开砖，同时在局部窗间墙处采用整体型金属浮雕板凸显建筑

档次。

改善型住宅的需求是巨大的，也是未来住宅市场健康发展的一支不可或缺的力量。当前市场上的改善型楼盘要获取成功，并非仅满足消费者某项单一需求，必须契合多项需求。但是，一个项目之所以获取改善型人群青睐，必须在一定指导原则的基础上，满足相应要求。

希望本文提出的专属性、舒适性、灵活性、地域化、品质感的建议性原则，对后期的开发设计工作有一定借鉴价值。

图 8　建筑细部形态分析

图 9　11F 层洋房产品

济南鲁能领秀城公园世家

地点：山东省济南市市中区

占地面积：6.49 万 m^2

总建筑面积：18.82 万 m^2

建筑设计：中国建筑标准设计研究院有限公司

室内设计：上海曼图室内设计有限公司（售楼处硬装）

　　　　　东莞威扬装饰设计有限公司（售楼处软装）

　　　　　五感纳得（上海）建筑设计有限公司（样板间）

景观设计：上海水石景观环境设计有限公司

设计时间：2015 年 8 月

新型装配式住宅通用体系的集成设计与建造研究
——以中国百年住宅试点项目 · 济南鲁能领秀城公园世家为例

中国建筑标准设计研究院有限公司　　刘东卫　郝学　王唯博

基于我国住宅产业建设背景，本文提出新型装配式住宅通用体系的可持续发展理念，以济南鲁能领秀城公园世家为例，基于新型装配式住宅通用体系的四大系统下全面工业化实施及其可持续集成技术进行深入讨论，阐述了商品住房采用可持续性工业化建造设计手法，通过新型装配式住宅通用体系技术实施与推广，以促进我国住宅产业现代化的升级转型。

一、可持续住宅的建设理念

1. 可持续发展的背景

可持续发展（Sustainable Development）理念形成于 20 世纪 80 年代，由于全球人口、资源和环境受到工业革命爆发和市场经济转型的影响，人类赖以生存的自然环境面临严重破坏和威胁。与此同时，经济社会的飞速发展加快了城市化的步伐，城市建设与生态环境的矛盾也日益加深。特别是居住建筑，由于其需求量大，且在建设过程中产生的污染废弃物以及能源消耗都在不断破坏着自然生态的平衡。而建筑在其建成后长达数十年日积月累的使用过程中，也会产生大量的能源消耗和温室气体，对环境产生深刻而复杂的影响。

2. 大量快速建设背景下的可持续居住需求

长期以来我国住宅建设方式粗放，产业化水平低，由项目工程质量、设计理念造成住宅短寿化问题逐渐暴露。建筑主体、设备、内装老化严重，后期维护困难，改造难度大，存在着极大的安全隐患。如果依旧遵循传统的住宅设计与建造理念，住房的品质无法得到长效保障和根本改善。

二、我国新型装配式住宅通用体系的课题

从 20 世纪的世界建筑产业现代化发展历程来看，住宅工业化发展都是以先进的建筑工业化技术转型和革新为基础，通过采用新型工业化生产建造方式，实现建设发展从数量阶段到质量阶段的转变。采用新型住宅建筑体系建造的工业化住宅，既能满足居民多样化的住房需求，更能从根本上提高住宅的综合性能。

当前我国新型装配式住宅通用体系的问题如下。

（1）基本品质理念及其技术认识

虽然推进建筑工业化与装配式住宅得到了政府和行业的高度重视，基本品质理念还没有完全确立，针对性的设计技术尚不成熟，不能为建设高品质建筑与住房提供顶层技术支撑，给生产设计、施工与维护带来一系列问题，标准化等技术转型问题仍然是阻碍发展的亟待解决问题。

（2）工业化生产建造与集成技术的问题

我国建筑业建设整体质量低下，究其原因很大程度上来看是生产建造方式与集成技术的问题，生产建造技术集成化程度低、缺乏完善的质量控制技术，尚未形成建筑部品部件化生产与供应，既影响生产效率，也不利于降低生产成本。

（3）可持续建设发展与环保节能的问题

存在着建造周期长、耐久性差、不易维修与更换、维护成本高等问题。大规模的建设需要考虑可持续发展的要求，贯彻省地节材环保和经济性原则，落实节能减排技术措施，思考如何建造与后期维护改造是所面临又一新课题。

建筑产业现代化的建筑通用体系与部品技术，是工业化生产建造的基础和前提。大力创建我国新型建筑工业化的建筑通用体系与部品技术，应当成为当前我国建设发展方式转变的科技攻关目标。通过标准化设计、工厂化生产、装配

化施工、一体化装修、信息化管理,实现建筑全产业链的战略性调整、传统生产方式向现代工业化生产方式转变,从而全面提升建筑工程的质量、效率和效益,这将突破传统生产建设模式,促进建筑产业的技术升级换代,对推动建筑产业现代化具有重大的意义。

三、新型住宅建筑通用体系的填充体技术解决方案

1. 住宅支撑体与填充体建造

SI住宅体系是指住宅的支撑体S(Skeleton)和填充体I(Infill)完全分离的住宅建设体系,是实现住宅长寿化的基本理念。SI住宅体系在提高住宅支撑体的物理耐久性使住宅的生命周期得以延伸的同时,既降低了维护管理费,也控制了资源的消费。SI住宅在结构和主要部品耐久性的提高、设备部品维护更新性的提高和户内平面变更与改装适应性的考虑三方面具有显著特征。

2. 新型工业化建筑通用体系

建筑产业现代化的新型工业化建筑通用体系,是以建筑产业现代化为目标,通过建筑工业化生产造造方式,将建筑或住宅按照工业化建造体系划分为建筑结构系统、建筑外围护系统、建筑设备与管线系统、建筑内装系统。这种建筑产业现代化的新型建筑通用体系明确了建造装配式建筑是一个建筑系统集成(顶层设计:全体系—全过程—全寿命)(integration of building systems)过程,即以工业化建造方式为基础,实现建筑的结构系统、外围护系统、内装系统、设备与管线四大系统的策划、设计、生产和施工等一体化生产与建造。

SI住宅体系及其技术已经成为世界住宅产业现代化和新型住宅工业化通用体系与生产技术的研发方向,我国应当大力推行采用支撑体和填充体的新型工业化发展模式,并构建建筑支撑体和填充体的新型工业化通用体系。根据国际

上的住宅发展与建设经验,建立与研发新型住宅工业化的通用住宅体系,是推进住宅产业现代化的重要手段。通过构建符合我国建筑产业现代化国情的新型工业化通用建筑体系,可为建筑产业现代化提供坚实的技术支撑。

3. 填充体技术解决方案

住宅工业化的核心是住宅体系的系统技术集成,住宅建筑填充体技术解决方案的研发,以SI住宅体系的新型工业化的住宅建筑通用体系为基础,强调住宅全寿命期和全产业链的整体设计方法和两阶段工业化生产体系与技术集成。

住宅建筑填充体技术解决方案的研发,构建新型工业化的住宅建筑通用体系,同时通过其建筑支撑体和填充体两部分构成来协调相应的尺寸或模块的模数体系。以建筑填充体整合住宅内装部品体系,住宅部品的集成进一步使住宅生产达

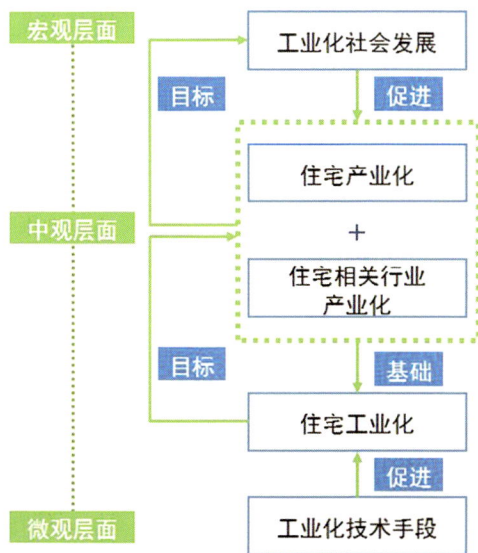

图1 住宅产业化与住宅工业化的关系

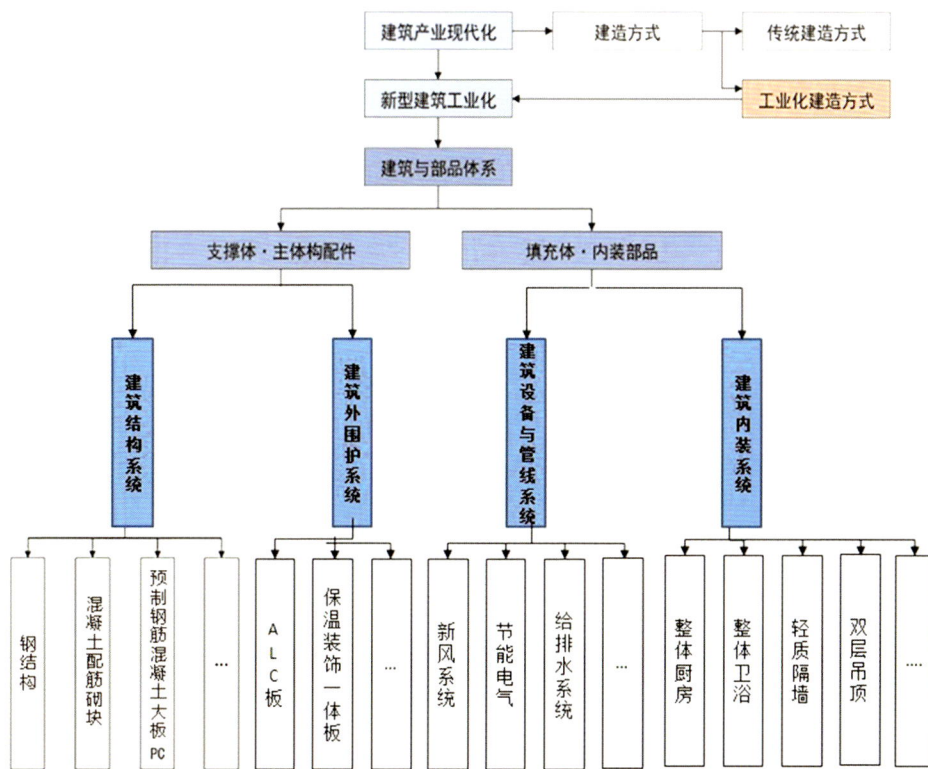

图2 新型工业化建筑通用体系系统图

到工业化。

住宅建筑填充体技术解决方案的研发，考虑了工业化的生产措施，通过结构主体系统和住宅部品体系的应用，可在使用工业化成套部品基础上建造多样化住宅，是一种住宅工业化内装建造与设计的建筑通用体系。采用新型内装工业化的住宅建筑填充体技术解决方案，有以下5个方面的优势：

1）保障质量，部品在工厂制作，且工地现场采用干式作业，可以最大限度保证产品质量和性能；

2）减少成本，提高劳动生产率，节省人工和管理费用，缩短开发周期，综合效益明显，从而降低住宅生产成本；

3）节能环保，减少原材料的浪费，施工现场大部分为干法施工，噪声粉尘和建筑垃圾等污染大为减少；

4）便于维护，降低了后期的运营维护难度，为部品更新变化创造了可能，可实现住宅的可持续发展；

5）集成部品，可实现工业化生产，采用通用部品，并有效解决施工生产的尺寸误差和模数接口问题。

四、可持续性装配式建筑与装配式装修工程实践——鲁能领秀城公园世家

1. 示范工程概况

项目位于山东省济南市鲁能领秀城 P-2 地块，是鲁能集团首个百年住宅示范项目。项目用地面积6.5公顷，总建筑面积约 19m²，地上建筑面积约 13 万 m²，容积率2.0，建筑限高60m。项目由 15 栋住宅楼和 1 栋配套公建楼组成，两层地下室设置设备用房、车库和人防。15栋住宅由 4 栋 11 层和 11 栋 17 层住宅组成。

2. 可持续性住宅的设计与建设实施

项目结合住房大量快速建设的特点，对高品质居住环境的需求，以及建造成本合理性等多方面综合考虑，通过有组织地实施标准化设计的手段，建立与完善工业化技术集成体系，分步骤落实工业化建造技术，实现提高建设质量与效率，提升居住品质，以及节约成本与资源的目标。通过标准化设计和工业化建造技术，在快速大量建设的同时，提高效率和保证质量。

通过舒适健康性和标准通用性设计，满足对居住的更高需求，适应全生命周期需要。

项目全面实施工业化标准设计策略，采用现浇式剪力墙结构与 ALC 板外围护结构体系，提高了建设效率；采用主体与内装分离体系，在主体结构耐久性的前提下提升了住宅内部的灵活性，大大提高了住宅全寿命期内的使用价值。

3. 建筑主体结构工业化设计与关键技术集成

（1）高开放度主体结构体系

项目采用高开放度的主体结构体系——现浇框架剪力墙＋叠合楼板＋ALC外墙板维护体系。

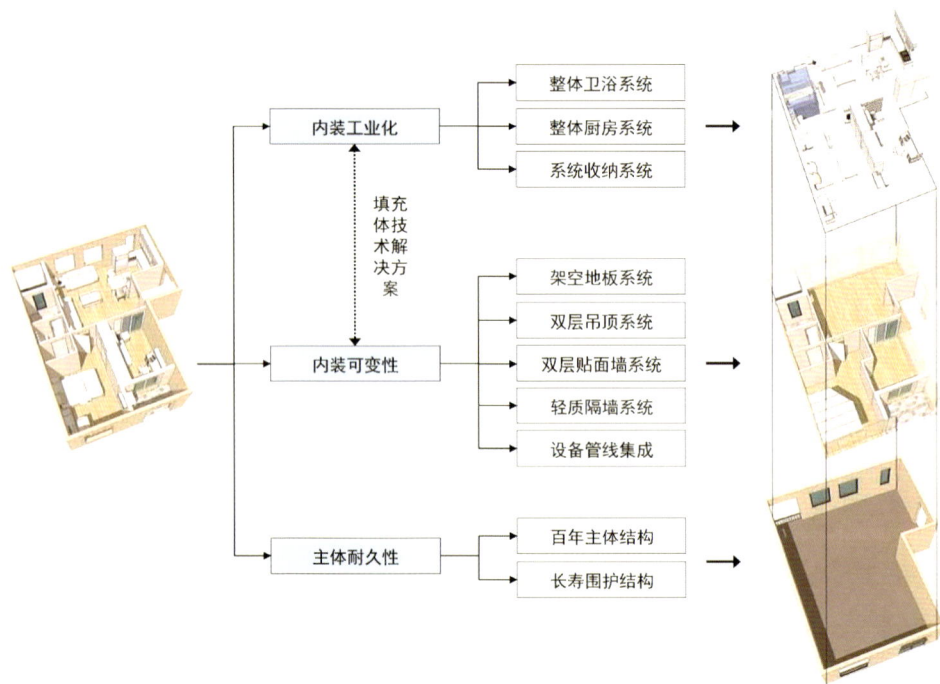

图3　新型住宅工业化解决方案

图4　公园世家项目总平面图

首先，该体系竖向承重采用现浇工艺，水平构件与外围护结构采用装配式施工工艺，提升了施工效率，节约成本。其次，框架剪力墙体系最大限度地减少户内结构墙体所占空间，为户型内部及户型与户型之间的可变性提供有利条件。住宅体系的开放度越高，支撑体和填充体分离特性就越好，其全寿命期内的使用价值越高，可持续性就越好。

（2）装配式主体关键技术

项目采用整体装配式结构体系，主要采用的现浇框架式剪力墙结构＋叠合楼板＋ALC外墙板关键技术包括：

1）预制叠合楼板集成技术。

2）预制ALC外墙板集成技术。

3）预制楼梯集成技术。

4）预制叠合阳台板和空调板集成技术。

在方案阶段由设计单位主导构件厂配合进行：PC专项策划，初步平面方案确定，构件厂反馈意见，提结构及机电布置方案，进行立面设计，构件厂反馈意见，室内设计反馈意见。扩初阶段由设计单位与构件厂配合设计进行：平立面深化设计与构件拆分设计，结构计算，成本初步核算。施工图阶段由设计单位与构件厂配合设计进行：PC深化设计，PC指标核算以及成本初步估算，ALC外墙板。

项目主体结构产业化促进了项目建设全产业链整合升级，通过全建设周期BIM技术的应用，设计阶段即能解决制造、运输、施工冲突问题，提高了模具使用效率，且进度、品质、成本可控；实现了施工队伍的专业素质提升。另外主体结构产业化也促进了环境改善，有效降低了环境污染，解决了污水排放、建筑垃圾、工地扬尘、施工噪声等问题，以打造人居和谐绿色生态社会；节省资源，实现了资源优化利用，降低各

图5　公园世家项目总鸟瞰图

表1　开放主体结构与可变适应空间

户型名称	户型名称	室内效果	原始建筑图
标准户型			
育儿户型			
养老户型			

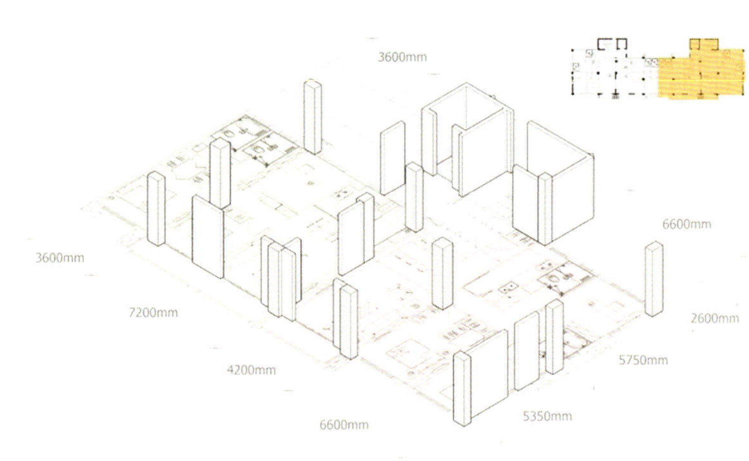

图 6 柱网剪力墙布置

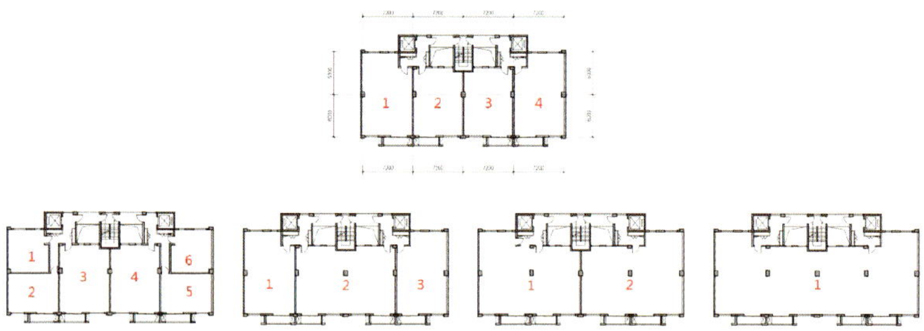

图 7 水平空间划分与组合示意图

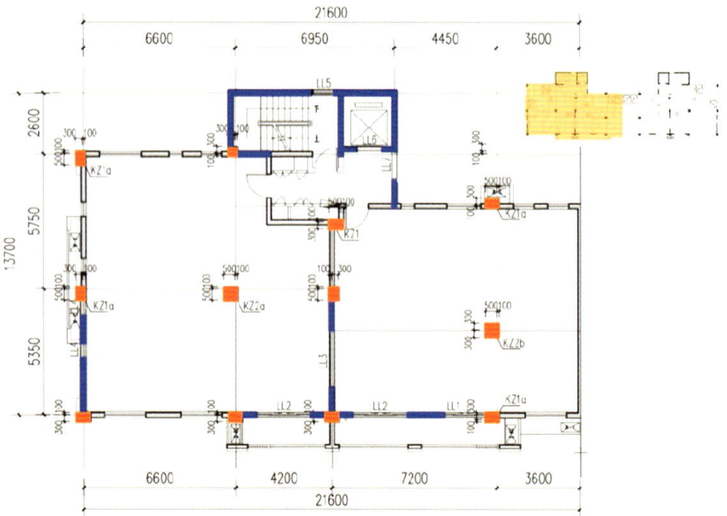

图 8 框架柱与剪力墙布置图—CD户型标准层

种损耗；同时工厂生产自动化水平高，废品率极低，产业化项目整合能力强，也带来了制造品质的提升。

4. 外围护结构系统技术集成——ALC板与内保温技术

（1）ALC板的特性

ALC是蒸压轻质混凝土（Autoclaved Lightweight Concrete）的简称，是高性能蒸压加气混凝土（ALC）的一种。ALC板是以粉煤灰（或硅砂）、水泥、石灰等为主原料，经过高压蒸汽养护而成的多气孔混凝土成型板材（内含经过处理的钢筋增强）。ALC板既可做墙体材料，又可做

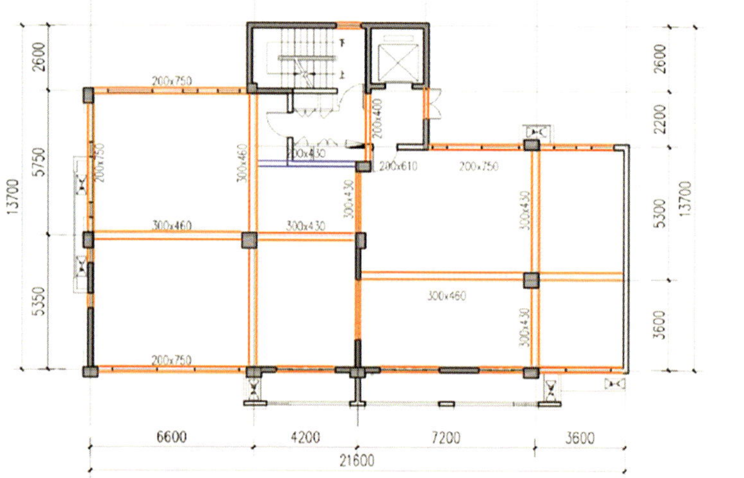

图 9 框架梁布置图—CD户型标准层

预制薄板　　现浇结合　　降板区域

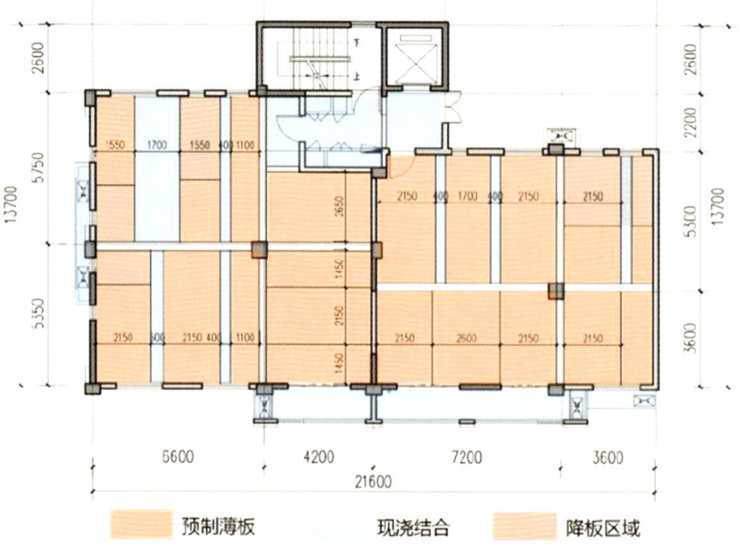

图 10 预制叠合楼板布置图—CD户型标准层

屋面板，是一种性能优越的新型建材。

因为 ALC 板既能用作围护结构，又有良好的热工性能，因此将其用做外墙是较为合理的节能保温途径。蒸压加气混凝土保温材料在加气混凝土外保温体系中，加气混凝土既是墙体围护材料又是保温材料，加气混凝土的力学性能和热工性能会直接影响加气混凝土外保温体系性能。

ALC 具有优良的物理性能：①保温隔热性；②耐火性；③高强度力学性能；④吸声、隔声性；⑤耐久性；⑥造型多样性。

（2）ALC 板安装措施——ADR 节点

ADR 节点，竖装墙板摇摆工法，适用于层间位移大的钢和钢筋混凝土结构，干法施工，工艺方便。此节点为柔性可移动节点，拥有以下优点：①节点牢固，墙体稳定，抗震性能优越；②操作简便，施工快捷；③与框架剪力墙结构相适应。

（3）ALC 板的使用效果

1）节能方面。由于 ALC 板具有良好的保温隔热性能，能有效减少建筑物使用期间暖气、空调的运营成本，达到节能的目地。

2）投资方面。ALC 板材比普通墙体薄，在同样建筑面积的情况下能减少结构占用面积，增大使用面积，并且由于 ALC 板材质量轻，能有效降低地基和基础的造价，还可根据需要将 ALC 板在工厂制作成表面带有各种花纹的艺术板材，从而有效降低建筑物的装饰成本，具有良好的经济性。

3）施工方面。ALC 板材按设计尺寸加工，采用工业化生产，现场拼装，减少湿作业，降低劳动强度，大大提高施工效率，缩短工期，加快资金周转。

4）环保方面。ALC 板在生产过程中没有污染，在使用过程中没有放射性，即使在高温和火灾中也不释放有害物质或有害气体。

5）在普通墙体外采用 50mm 厚 ALC 板，内衬适当厚度聚苯板的保温做法既能达到保温要求，还可以避免传统的挤塑聚苯板外抹砂浆的保温做法易出现墙面开裂的通病。

（4）内保温体系解析

由于 SI 建造体系需要为设备管线预留夹层，而外墙内侧同样要安装内衬隔墙以预留夹层敷设管线，为了节约空间，提高使用效能，采用内保温体系，在目前的保温体系中，聚氨酯发泡保温是占用空间最小、保温性能最好的材质，而且整体性好并兼具防水功能，其技术优势明显：

1）节能效率高，且更适合独立采暖。

2）具备一定的防水性能，同时隔气性能好。

3）耐久性好，并且防火性能好。

表2　公园世家项目整体预制率与装赔率统计

总建筑面积（㎡）	地上总建筑面积（装配式面积）（㎡）	构件种类	装配率	预制率
188279.79	地上总建筑面积：133097.98㎡。装配式面积：129097.98㎡。	楼板（含阳台）、楼梯、ALC外墙、内墙、整体卫生间、整体厨房	A、B户型装配率61.51%，C、D户型装配率60.04%，E、F户型装配率61.02%。	预制楼板、预制楼梯构件预制率≈22%，A、B户型外墙构件装配率15.12%，C、D户型外墙构件装配率13.67%，E、F户型外墙构件装配率12.96%。

表3　集成化部品关键技术

4）清水外立面的最佳选择。

5）内装工业化设计与关键技术集成

（1）主体内装分离体系

项目采用住宅主体与内装分离体系，将住宅的主体结构、内装部品和管线设备三者完全分离。通过在前期设计阶段建筑结构体系的整体设计，有效提升后期施工效率，有助于合理控制建设成本，保证施工质量与内装模数接口易连接，并方便今后检查、更换和增设新的设备。

（2）集成化部品关键技术

项目实现了地面、隔墙与天花的分离式架空设计，采用的集成化部品关键技术包括：

1）卫生间干区位置局部架空地板集成技术。

2）局部轻钢龙骨吊顶集成技术。

3）局部架空墙体集成技术。

4）轻钢龙骨隔墙集成技术。

在实现以上关键技术的同时，其部品的设计应符合抗震、防火、防水、防潮、隔声和保温等相关规定，并满足生产、运输和安装等要求。

（3）模块化部品关键技术

项目采用模块化部品关键技术包括：

1）整体厨房。

2）整体卫浴。

3）整体收纳。

整体厨房通过整体设计装修一次到位，综合设计整体橱柜模块、排布水、电、燃气等管线设备，整体配置橱柜、电器等厨房部品，提高空间使用效率和舒适度。整体卫浴所有部件全部在工厂内生产完毕，在现场装配或整体吊装，干法作业安装快速，配置采用防水底盘、检修口、节水型洁具，耐久性好、品质优良且更节能环保。整体收纳是在套型内各功能空间综合设计收纳空间，采用标准化设计部品，工厂生产现场装配，节能环保且便于灵活拆装。

6. 设备管线技术集成系统

墙体与管线分离的技术

建筑结构的使用寿命在 70 年以上，而内装部品与设备管线的使用寿命多为 10 年到 20 年。在建筑整个生命周期内，管线设备至少要进行 2~3 次更换施工。对于传统的将管线埋在结构主体、楼板内部的做法。当内装改建时候，不可避免要破坏结构主体，给楼栋主体安全造成重大隐患。

结语

济南鲁能领秀城公园世家，以国际可持续建设与"全面建筑产业化"先进理念，以新型装配式工业化建筑体系系统性实施到设计、生产、施工、维护等产业链环节探索及实践，带动了产业化技术集成创新，对促进我国装配式住宅发展和住房建设转型升级意义重大。

1）示范项目实施以国际先进的支撑体与填充体的建筑体系为基础，基于结构主体与内装部品、设备管线相分离的建筑体系，保障了建筑主体的耐久性，提升了住宅全寿命期内资产价值和使用价值，为山东首个攻关落地的 SI 住宅项目。

图 11　ALC 现场安装照片

图 12　ALC 现场安装照片

图 13　内保温施工现场

2）项目实施以提高绿色建筑全寿命期的长久价值为理念，以新型可持续生产方式与集成技术为基础，实施了设计标准化、部品工厂化、建造装配化、管理运维化的产品整体技术解决方案，填补了山东省住宅产品及其产业化整体技术应用的空白，其有效的施工管理与质量控制对于我国住宅开发建设具有示范作用，经济与社会效益显著。

3）项目实施通过设计协同和技术集成，对住宅建筑的运营维护技术进行了探索，整体实施了适老性能与维护改造性能等集成技术，提升了住宅建设的整体品质。

图 14 公园世家项目单体效果图

一种全新的居住概念

——济南鲁能领秀城公园世家住宅室内设计

五感纳得（上海）建筑设计有限公司

本项目是由中国建筑标准设计研究院和五感纳得（上海）建筑设计有限公司共同打造的百年住宅项目，同时也是鲁能集团在济南开发建设的首个中国百年住宅示范项目。

百年宅，从字面意思来看就是能住百年的住宅，那么从专业的角度可解释如下："百年住宅是一种新型可持续的住宅，以可持续居住环境理念为基础，实现建筑长寿化、建设产业化、品质

图1　百年住宅核心体系

优良化、绿色低碳化的目标，它是以精心设计、品质建造、维护使用、更新改造等为核心的新型工业化建设体系。"

概括来说，即"产业化、长寿化、低碳化和高品质"（图1）。那么如何来实现百年住宅的这些核心体系呢？

一、SI住宅系统

设计要点：SI技术　全生命周期

百年住宅引入SI建造体系，是将建筑物的结构体（Skeleton）与住户需要的填充体（Infill）（包括管线）"分离"独立规划，在保证结构耐久性与抗震性的同时，提高室内装修和设备的可变性，后期管线、装饰面改造不影响结构安全；"S"部分首次提出了住宅结构主体耐久性达到100年，"I"的部分采用工业化内装集成技术与部品体系，提高施工精度和速度，保证最终产品的质量。

在本项目中采用大板结构体系，结构剪力墙均沿套型外侧布置，居室空间内无剪力墙，空间彻底开放，根据家庭的生命周期，房型可做出不同的调整以满足各个阶段的需求，真正地实现可持续住宅。

图2　SI体系

二、大空间结构系统

设计要点：标准　育儿　适老

以此次项目中118m²的三居室户型为例，整体采用了大空间结构体系，户内空间无承重墙，只在主卧室右上角设置一根构造结构柱，搭配集合内装的收纳系统设置，由此带来后期无穷的可变性。

图3-a为户型交付时的装修效果以及平面布局，同样的户型能做出完全不同的样板间展示育儿阶段（图3-b）和养老阶段（图3-c）。

育儿阶段样板间户型，设计了两个孩子的学习、生活、游戏的空间，以及对于一个家庭来说最重要的亲子交流所需的空间。除此之外，整个户型中设计了大量的收纳空间，通过这些设计，达到全面满足家庭收纳需求的目的。

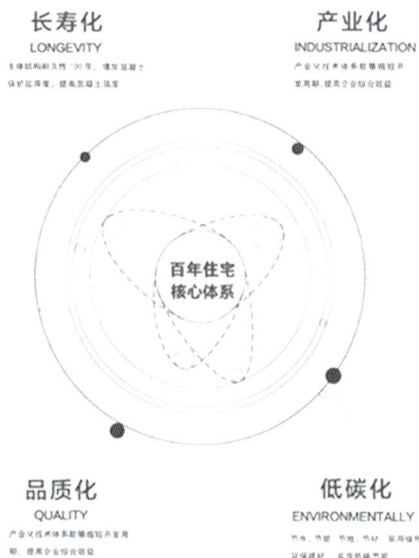

养老阶段样板间户型，充分考虑了老年人的生活需求，比如同屋分床、轮椅空间、照料者居住空间等都做了精细化设计，同时还设计了承载老年人回忆和生活兴趣的空间。

这些设计都是建立在 SI 建筑体系和大空间结构体系相结合的基础之上，充分满足了居住者对住宅专属性、舒适性、灵活性的需求。

图 3-a　标准户型平面

图 3-b　育儿户型平面

图 3-c　养老户型平面

图 3　可变户型平面

三、十二大技术系统

设计要点：安全　坚固　舒适　健康

1. 六面架空系统

六面架空系统设计管线分离，更换管线不再破坏墙体，同时减少墙体与内装部品之间的安装误差，实现内装整体部品定制生产。

2. 同层给排水系统

同层给排水系统可以解决楼上漏水、排水噪声等问题，从根本上杜绝因这些问题的存在而影响到邻里和谐。

3. 故障检修系统

故障检修系统检修方便、产权明晰，针对容易出现问题的部位设置可检修的检修口，实现住宅体检，更加有效地检查住宅的使用状况。

4. 轻钢龙骨隔墙系统

轻钢龙骨隔墙系统，让墙体更薄，释放更多的室内空间，同时保证隔声性、耐水性、防火性、保温性以及抗冲击性。

5. 干式部品系统

干式部品系统，让整体厨房和整体浴房将管线功能有机地结合为一个整体，工业化的生产保证了品质的稳定性，减少现场的工作量及湿作业，标准化设计为以后维修降低了成本，同时为更换部件带来了便利。

6. 全屋收纳系统

通过对居住者收纳需求的大量研究，根据生活流线设置收纳分区，设计分布合理、重点解决玄关和卫生间收纳问题、高效利用的全屋收纳系统。

7. 独立家政系统

套内独立家务操作阳台空间、隐形晾衣架等功能的独立家政系统。

8. 健康环保产品

使用健康环保产品，套内木作高标准环保材料，客厅采用火山灰呼吸砖净化室内空气，降低有害物质漂浮率。

9. 全热式交换新风系统

全热式交换新风系统将整体平衡式通风设计与高效换热完美地结合在一起，系统配置了双离心式风机和整体式平衡风阀，系统从室外引入新鲜空气，经送风管道系统分配至各卧室、客厅，同时将从走廊、客厅等公共区域收集的室内混浊气流排出，在不开窗的情况下完成室内空气置换，提高室内空气品质。

10. 采暖系统

采用温水舒适地暖，可根据气温的变化，精准控制室内温度。

图 4　轻钢龙骨隔墙系统一

图 5　轻钢龙骨隔墙系统二

11. 居家护理适老系统

居家护理适老系统，在卧室和洗手间设置紧急呼叫按钮等一系列无障碍设计；全屋开关均设置在距离地面 100cm、插座距离地面 40cm 的位置；在卫生间、浴室、门厅处安装扶手，采用防滑的地面材料；户内避免形成地面高低差（室内不出现 10mm 以上的高度差），满足适老的生活所需。

12. 育儿系统

从最早住宅规划的设计阶段开始，就要考虑到孩子生活、学习、游戏以及安全的一系列问题，拥有既能让孩子健康成长，同时又能培养孩子独立意识的巧思。

四、六大空间系统

设计要点：开阔 方便 功能

1. 套内多功能间系统：小户型大生活

让居家生活更方便，在每层均留出一个房间，使用移门将其隔开，来客时可用作客房，平日可用作家政间、孩子及父母的书房或者一家人放学下班后可以聚集在一起的公共空间，让整个家庭拥有更多交流与互动。

2. 独立玄关系统：小空间大作用

如果套内面积不大，则更需要独立玄关用来存放家人的鞋子、外套、雨伞等物品。地面高差 10mm，防止鞋底砂粒进入客厅。若能拥有道内门，既隔声又防寒，如有外来人员到访更看不到屋内情况，可增加一定的安全系数。

3. LDK 一体化系统：开阔大气效果好，家人间的交流更方便

忙碌了一整天的父母和放学回家的孩子，在一起吃饭是一种放松。半开放式厨房让客厅、厨房、餐厅连为一体，让狭窄的套内空间视觉效果更开阔，使用更方便，同时便于父母与孩子的交流沟通。

4. 卫生间三分离系统：功能独立早晨不愁，时尚品质生活

卫生间功能性分区，确保各功能可同时使用，保证厕所和洗面台一直保持干爽、清洁，以及年轻人所需要收纳空间的充足。

图 6 干式部品系统

图 7 全屋收纳系统一

图 8 全屋收纳系统二

图 9 套内多功能空间系统

5. 功能收纳系统：好的收纳系统养成好的生活习惯

将收纳空间按照功能进行分区，将衣物、鞋靴、卫生洁具、餐厨、书籍杂物等进行分类整理收纳。

6. 独立家政系统：家庭需要一个能收纳所有家务劳动必需品的地方

独立家政系统是保证家务劳动顺畅进行的空间，在这里不仅能洗衣、熨烫、开展洗涤清洁等工作，同时还兼具收纳清洁用品的功能。

结语

本次设计旨在建设长寿化、高品质、低能耗的百年传承产品，为鲁能集团在济南开发建设的首个中国百年住宅示范项目，以新型建筑产业化和工业化的生产建造方式，大力推动中国住宅建造发展方式转型技术升级。

图 10　LDK 一体化系统一

图 11　LDK 一体化系统二

图 12　功能收纳系统

图 13　样板间展示

"虽由人作，宛自天开"：山地景观之设计感悟
——济南鲁能领秀城公园世家展示区景观设计

上海水石景观环境设计有限公司

本案充分尊重场地基址现状，因山势而建，与环境和谐共生。建筑与景观设计一体化打造，以"山形水悦、山水意向、山水性情、山水文化、山水情怀"为设计理念，提出"山形水悦"的概念，提炼山体的肌理形态、水的脉络流线得出一种具现代形式感语言的有机折线为设计母题，使其作为整体脉络贯穿于整个建筑形式与景观设计之中。由相地到立意再到具体节点打造之脉络有序展开。

一、相地——相地合宜，构园得体

园冶有云："园地为山林最胜，有高有凹，有曲有深，有峻而悬，有平而坦，自成天然之趣，不烦人事之工。"山地之基址自古以来都为造园之绝佳选址。鲁能领秀城项目坐落于济南市市中区，公园世家展示区位于山体北侧，背靠于泰山余脉的山脚下，西侧紧邻领秀城森林公园，地理位置得天独厚。地块北低南高，南侧悬崖陡峭，设计基址较大的高差也为设计增添了不小的挑战，如何合理地处理场地内部高差？如何处理场地与背后山体的关系？如何利用高差打造好的景观体验效果？这一系列的问题贯穿整个项目之中，等待着我们一一解锁。

图1 济南鲁能领秀城公园世家展示区夜景

图6 景观总平面图

图2 大地流线

图3 山形水悦

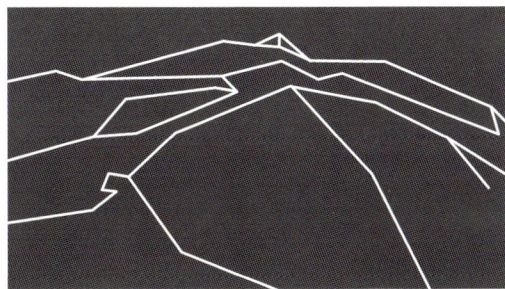

图4 山体肌理

图5 自然流线

二、立意——凡画山水，意在笔先

由"因山而生，因水而栖，因桥而聚"之思绪得出"以山为魂"之理念，因此"山形水悦、山水意向、山水性情、山水文化、山水情怀"便作为主线串联其中。

我们尊崇"师法自然"，此造园灵感来源于大地流线、山体肌理、自然形态、凝固的山体等原生态之美，我们希望与大自然相生相融，并提出"山形水悦"的理念，即以山体的肌理形态、水的脉络流线为母题，提炼出一种具有现代形式感语言的几何有机折线，把这种形式语言作为主调全面贯穿于建筑形式与景观设计形式中，也便有了"观大地山水，览户牖之室"。整个设计浑然天成，既与自然相契合，又与人工现代感形式语言相协调。

三、立基——凡园圃立基，定厅堂为主

1. 因地制宜之场景解读

故凡造作，必先相地立基。项目基址位于山脚下，背后山体绵延舒缓展开，一开始我们便思考设计形式应该以何种方式打开，是以一种谦和的姿态如生长于自然之中，还是以自然做背景用一种强势的形态拔地而起？我们选择了前者。

景观设计通过对基地的解读、对基地的功能定位、对产品的展示对象分析并强调项目的城市界面形象，应使其建筑形态现代独特，本身具备地标之作用，统领于全园。

2. 山水元素之解构、重组

公园世家展示区景观源于大地流线、山体肌理的自然形态，更是将山水景观与建筑巧于结合而融为山形水悦之空间体验，且围绕着光影漫廊、漂浮于水面之晶体、高山流水、船（儿童活动场地）的主题布局，因而满足不同人群的现代

感体验。

因者，随地势高下，体形之端正。其营销中心之造型设计取自山脉之形态，景观花园规划取自流水之脉络，整体设计乃构成极具现代形式提炼感的"山形水悦"，塑造出具有标志性的建筑景观空间，打造创意性营销场景。

更值一提的是本项目高差较大，因循利导而为之，设计出入口将人行与车行分开而设，人行步道拾级而上、走桥、过水步入营销中心；车行路线缓坡驶入，途中被植物丰富的山地景观所包围，自然氛围浓重，两条路线各有其景观特色。人行入口错落、灵动的琴键主题装饰阶梯，配以草花花境和精致的植物组团，与其左侧精神堡垒组成一幅具有曲径通幽之感的自然优美画面。

走出幽深曲折的台阶小径抵达落客区广场，豁然开朗，放眼望去开阔的梯田状镜面水池映衬下的山型建筑十分壮观，与周围山地环境相协调，水与建筑的对话关系更加密切，营销中心体态优美，与水景组合灵动又不失庄严。此空间处理手法深得中国经典造园空间中"先抑后扬"理念之精髓。

由台阶步入跨过梯田水景抵达售楼处入口，这一行进路线的体验感非常丰富，有体现品质感的不锈钢镜面水景收边，有自然生态的水上种植池，更有精心布置点缀于水面的艺术小品装置，每个人行尺度转折空间都在叙述着它的故事。

3. 建筑景观一体化打造

公园世家展示区项目实现了以景观设计为主导的建筑景观一体化全方位设计打造。营销中心作为景观建筑的设计，为全钢结构异形建筑，既承载着其营销、接待等使用功能，又有着作为景观建筑传递美感之使命，它应既是一座建筑又是一件统筹于整个示范区的精美艺术品。起伏跌宕、飞扬激悦的三维屋面勾勒出建筑整体外形，折叠伸展、纯净洗练的玻璃幕墙映衬出周边环境美景，具有鲜明的建筑个性。

建筑空间虚实结合，向外渗透，吸收绿化的生机、水流的灵动。屋面向天空延展，折线形的线条充满张力，与云层互动。建筑挑出大屋檐的结构柱并非传统的处理方式，而是采用雕塑式的做法，使其本身也成为可观赏的一景。

4. 多重空间氛围营造看房路线

售楼处的西侧看房路线是一段异形不锈钢材质的风雨廊架所打造的灰空间。廊架的形式也为建筑几何线条的延续，与之十分协调。步入此空

间，体验非常丰富，种植亦穿插其中。可看到一株观赏乔木的树冠从廊架顶部的空洞中钻出，行走其间，或虚或实，虚实转换。立面错落的格栅在阳光的照射下投出跳跃而有韵律的光影。为了追求灵动的效果，风雨廊的结构柱藏于倒三角形的镜面不锈钢内，以达到反射周边景色、虚化结构的作用，造成如同飘于空中的视觉假象。

图 7　人行步道夜景

图 8　主入口广场夜景

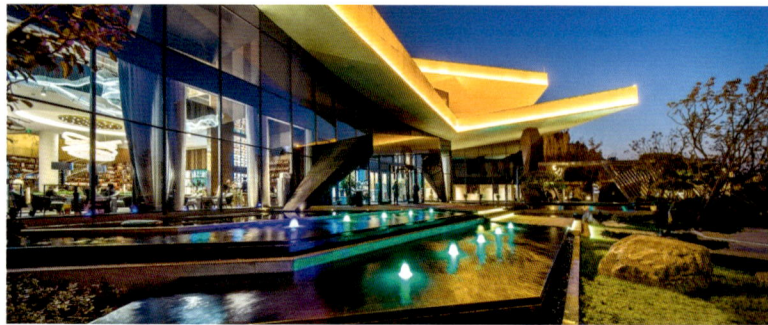

图 9　梯田景观水体夜景

售楼部的东侧另一条看房路线通往东侧样板间，与西侧不同的是，这里着重打造自然野趣的山地景观效果。行走于被观赏草花镜所包围的自然小径中，感受植物丰富的变化，心情放松，体验感丰富。

5. 转折空间之故事性叙述

由售楼部步入风雨廊架的空间转折处，忽有远处流水之声吸引我们驻足而望。寻着声音视线转入左侧，便看到一组壮观的大型跌瀑景色。此处因有巨大高差，"高方欲就亭台，低凹可开池沼"，我们乃遵循现状以自然界飞崖落水之为灵感设计而成，其亦作为连接自然山体与人工示范区之桥梁和媒介。

跌瀑之水由源头自上而下流入售楼部前的梯田水景，此为模拟大自然流水活动的过程。水的形态丰富、灵动，作为一条贯穿全园的水系，由溪到瀑再汇聚成潭，形成一个完整的水脉序列。

结语

"夫借景，林园之最要者也。"我们借山之景，使其与之融。整个设计有松有紧有疏有密，注重空间体验之设计营造，强调多维度打动客户，示范区中空间丰富变化，有静态、动态空间，开敞、幽闭空间，平坦、陡峭空间等。而所需功能也丝毫未打折扣，各功能区之间相互咬合、阴角阳角相契合，使得每个转折空间都有其独特的故事性。建筑与景观的一体化打造也使得整个设计效果浑然一体。

尤值得一提的是我们在设计初始就已注重成本的合理分配和可控性，因此公园世家项目落地性强，建成后完成效果理想，还原度非常高，成为山体示范区项目较为成功的一个案例。

图 10　挑出式大屋檐

图 11　雕塑式结构柱

图 12　不锈钢材质风雨廊架

图 13　风雨廊架之空间转折

济南鲁能泰山 7 号

地点：山东省济南市唐冶新区

占地面积：29.83 万 m^2

总建筑面积：91.89 万 m^2

建筑设计：青岛腾远设计事务所有限公司

上海日清建筑设计有限公司

室内设计：黄志达设计顾问（深圳）有限公司

景观设计：阿特金斯顾问（深圳）有限公司上

海分公司

设计时间：2016 年 2 月

竣工时间：2016 年 8 月（一期）

鲁能泰山7号
LUNENG TAISHAN NO.7

空间设计视野下的构成艺术
——从平面构成的角度剖析济南鲁能泰山 7 号展示中心室内设计

黄志达设计顾问（深圳）有限公司　　蒋辰蕾

构成艺术在空间设计中的作用

科学技术、生活方式、审美观等，一切都随着社会的发展在不断改变。当代的空间设计十分注重功能性与美学性的结合，强调利用有限的空间去创造无尽的精神价值。设计在高要求和高品质的条件下，需要融合各方资源，以符合当今潮流的设计手法来满足人们对于现代生活环境和室内空间的需求。

构成则是进行一切设计创作的理论依据和基础，其核心有两点：一是造型元素，包括构成形态的基本要素（点、线、面）、结构、材料等；二是情感要素，主要指通过视觉等引起的情感反应。构成主张造型上的纯粹、简洁，并且通过色彩搭配营造空间中的秩序感、运动感、韵律感等效果。

本案旨在抛开空间设计中的表层现象，从平面构成的角度探寻设计中空间语言的内在表叙，挖掘空间设计中最根本的设计理念。这些认知可以为如何创造室内和谐的环境，营造良好的人文氛围等方面起到指导作用，同时也对空间设计的发展起到良好的推动作用。

从平面构成的角度看空间设计

建筑大师伯克斯认为"艺术和建筑总是会把观赏者拉回到那些作为视觉语言的构成要素的最基本的形体上来。这些基本形体的意义是永远也不会被磨灭的，它们充满了在新的构图组合上的可能性，人们不断去探索"。由此可见，点、线、面是表达空间的最基本要素，日常生活中人们感知到的一切形状都可以概括为这些要素。但若仅仅单纯地把点、线、面这三个元素简单地组合叠加，并不足以构成一个合适的空间环境，只有通过一定形式进行巧妙地穿插排列，才能给人以舒适合理的审美感受。

在济南鲁能泰山七号展示区室内设计中，设计师对"体育 +"的理念充分糅合，灵活运用平面构成原则，加以现代的设计手法，描述有形与无形间贯通运动的精神要义，使到访者明显体验到在此生活的层次进阶感，以此完善空间。

1. 平面构成手法在空间布局中的运用

空间布局就是处理空间环境与人类活动之间的顺序关系，在满足功能性的同时，让人感受到方便、轻松。一个完整的空间中往往包含着大空间、小空间及一些具有辅助功能的空间，要分隔其中空间，最重要的是将它们按照其功能特点和实用意义排列结合，使每个空间和谐共存。各个空间在同一个大空间中既互不干扰，又彼此依存。

要处理一个流动性大的商业空间，需从平面布局入手。平面是决定一切的因素，它必须具有一种特定的韵律感，才能在空间的深度和广度上按照设计意图发展，使空间组织呈现合理有序的规律性。从本案空间布局上看，一层平面中，各区域功能中心均围绕中心两点向四周排列分布，合理划分功能分区，使多种不同的功能空间秩序统一地存在于同一空间。

2. 平面构成手法在空间序列设计中的运用

在商业空间的设计中，所有的设置都是为了展现主题空间而服务的。而为了使参观动线流畅，本项目动线设置为闭合环线，这使得在不需要导引牌的情况下，到访者能自行参观项目的所有角落。主动线呈回环状，串起所有节点和功能区块，同时设置一些主动线之间的捷径作为辅助动线，便于按照到访者的自我需求安排参观顺序。在此过程中，主要使用重复的设

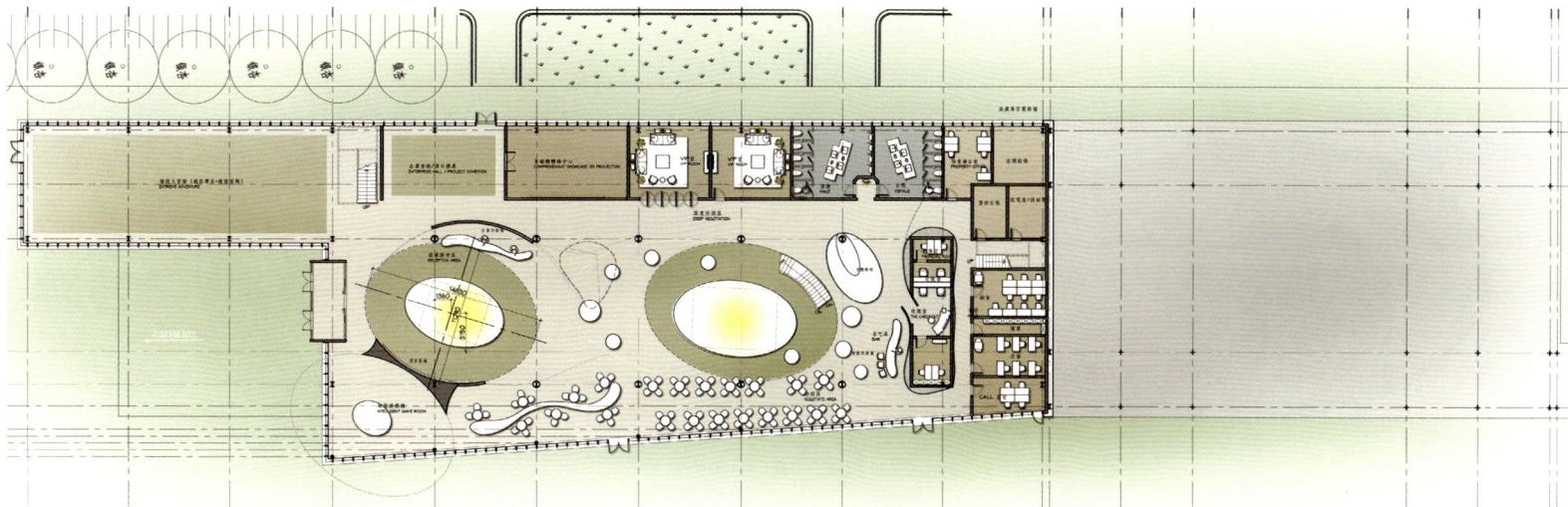

图 1　济南鲁能泰山 7 号展示中心一层平面图

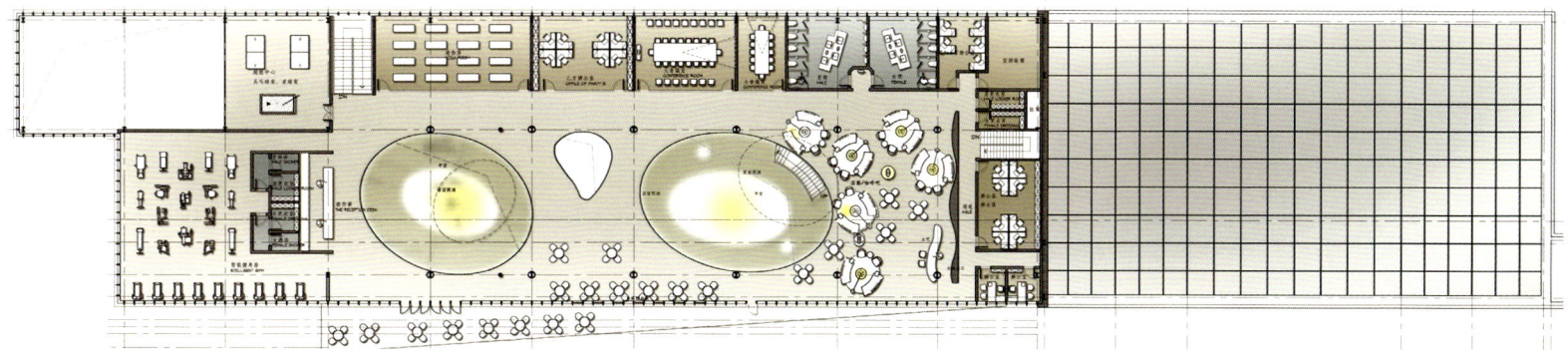

图 2　济南鲁能泰山 7 号展示中心二层平面图

计语言来形成共性，同时安排运动装置来提升趣味性。

在二层空间中，重复的造型语言被大量的使用，其中包括二层咖啡区天花以重复铜制的圆环设计、更大面积的原木材料塑形，周而复始，绵延叠加，以此寓意生生不息。从构成的角度来看，它是重复构成手法的应用，从而形成一种强烈的动感，既丰富了空间效果，也起到了衬托主要空间的作用。

3. 平面构成手法在空间陈设中的运用

完善室内空间环境最不可或缺的是陈设的布置，其也是营造空间氛围的重要手段。室内的陈设物品包括家具、摆件、地毯、绿化等，它们作为个体存在于空间中，同时也以抽象化的形态成为空间中的点、线、面，这更有利于陈设在环境中的合理协调布置，也使得室内陈设的布置变得有据可依。

一层空间利用曲面及弧线与立面造型呼应，大堂中央以阿拉伯数字"7"抽象变形的大型吊灯作为整个商业中心的"魂"。入口一层通往二层处，点、线、面往复勾勒，折转不失秩序。围合的纯白空间，使明黄色点状组合的踢足球造型的艺术装置非常醒目，空间的运动感仿佛从这里带出，修饰空间的同时，创造了空间的均衡感。

洽谈区呈弧形的休闲沙发将空间自然分割，形成一个稳定的休息空间，以明黄色的抱枕点缀其中，更显运动活力。这些都是利用了陈设本身的造型语言以线的形式去布置，既能满足功能需求也划分了空间，一举两得。

结语

综上所述，平面构成是现代设计基础中的一个重要组成部分。其在室内设计中的运用，也使得空间各个元素在不同的层面上有机结合。从平面构成的构成法则来剖析点、线、面等设计要素在空间设计中的运用及其产生的节奏感，通过

图3 济南鲁能泰山7号展示中心1层沙盘区

图 4　济南鲁能泰山 7 号展示中心 2 层咖啡吧

现代表现手法的应用，塑造了一个理想的室内空间。

本案重点阐释了点、线、面的内涵及其美学特征，以"体育因子"营造运动感十足的情景氛围，致力于打造让国民基础体能素质提升的运动乐园，注重体验感，使人们能够更直观地感受到运动的氛围。项目空间设计中，点、线、面的连续重复，秩序性的变化，极大地展现了空间的形式美，空间给人们带来灵动的感觉，成为统一的整体，创造了项目的附加价值。

以本案设计单位的口号语来做一个收尾：设计给生活带来无限可能——而济南鲁能泰山七号展示中心则正是严格遵循平面构成的现代设计手法与设计意图，对理想空间进行设计落地，体现出空间统一的体量美和韵律感，为以后的商业空间设计作抛砖引玉之用。

图 5　济南鲁能泰山 7 号展示中心艺术装置

图 6　济南鲁能泰山 7 号展示中心洽谈区

济南章丘鲁能公馆

地点：山东省济南市章丘

占地面积：11.08 万 m²

总建筑面积：27.50 万 m²

建筑设计：筑博设计股份有限公司

室内设计：黄志达设计顾问（深圳）有限公司

景观设计：北京中联大地景观设计有限公司

设计时间：2016 年 10 月

空间设计之君子和而不同

——传统文化在章丘鲁能公馆展示中心室内设计中的传承与发展

黄志达设计顾问（深圳）有限公司　　蒋辰蕾

中国传统文化与当代空间设计的关系

在全球经济一体化的浪潮影响下，全球文化强势逼近，大量西方文化涌入国内，国内的室内设计领域出现了同化趋向，进而导致一些传统的、地域性的特色设计不断丢失。越是这种时候，室内设计就越应当肩负传统文化的传承重担。因此，如何保留与继承优秀的传统文化，体现中国独特的文化思想，创作出既有中国特色又符合当今世界风潮的设计，是当下亟须解决的重要问题。

时代发展的同时，房地产市场竞争也愈演愈烈。售楼中心也从早期单一功能的临时性建筑，发展为具有综合功能的建筑，它不但承担起展示、接待、销售的基本功能，还增加了休闲、娱乐、科技等多种公共功能。当今的售楼中心，不仅是为商业目的而存在，更多的是体现楼盘的定位，管中窥豹，以其底蕴昭示项目全貌。

本案旨在通过解读中国传统文化，以儒家"君子和而不同"的名句作为空间氛围的源点依据，剖析传统文化与当今时代的关系，结合现代室内设计的发展趋势，归纳总结传统文化如何在

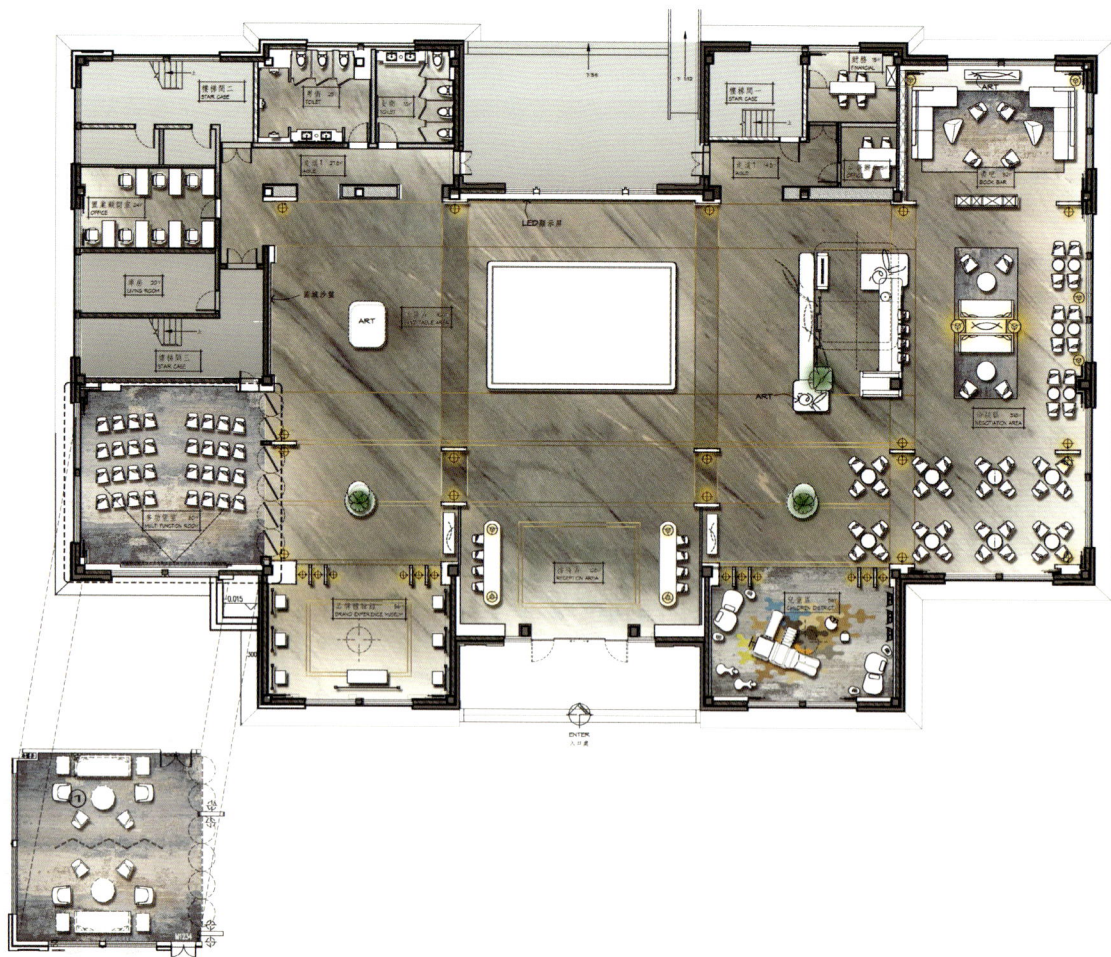

图 1　章丘鲁能公馆展示中心一层平面图

商业空间中传承与创新。

传统文化在当代空间设计中的运用与实践

中国传统文化最大的特点便是它的历史性，中华文明上下五千年形成的源远流长的文化知识，如同一颗璀璨的东方明珠在世界上展现其独特的魅力。而对中国传统文化进行提炼运用，使其更富有时代的特色，可称为"现代中式"。它汲取了传统文化中的精华部分，结合现代艺术的创作手法及技术，还原传统风格的魅力，在固有的中华模式下加入新时代的元素，使项目在多元化的背景下更具独特性，以符合市场需求。

所谓"质胜文则野，文胜质则史，文质彬彬，然后君子"（译文：质朴胜过了文饰就会粗野，文饰胜过了质朴就会虚浮，质朴和文饰比例恰当，然后才可以成为君子）。设计亦是如此，恰到好处地平衡建筑与室内空间这两个领域，不粗野，不虚浮，方能称得上是一个合格的设计。章丘鲁能公馆展示中心的设计活化了现代中式风格，给人以历史延续和地域文脉的感观，其使室内环境重点突出民族文化中最鲜明的形象特征。在空间上设计师利用中轴对称原则，首先对建筑外立面进行了设计，使整体建筑与室内的主题达成统一，将轴对称的建筑风格延续出一种阵列式的变化，室内随即成为外建筑自然程度上的延展。

1. 空间格局提升层次感

在空间布局上来说，室内空间不仅延续室外风格的阵列排布方式，同时深谙"少即是多"的设计原则。空间整体上左右结构大体样式对称，视觉上给人以沉稳大气、庄重有序的感觉。分列前厅两边的是中国传统纹样演变后的样式屏风及醒目的鲁能公馆标识，双通道无形之中加深了进门后的庄重感。设计摒弃固定模式对空间进

图2　章丘鲁能公馆展示中心沙盘区

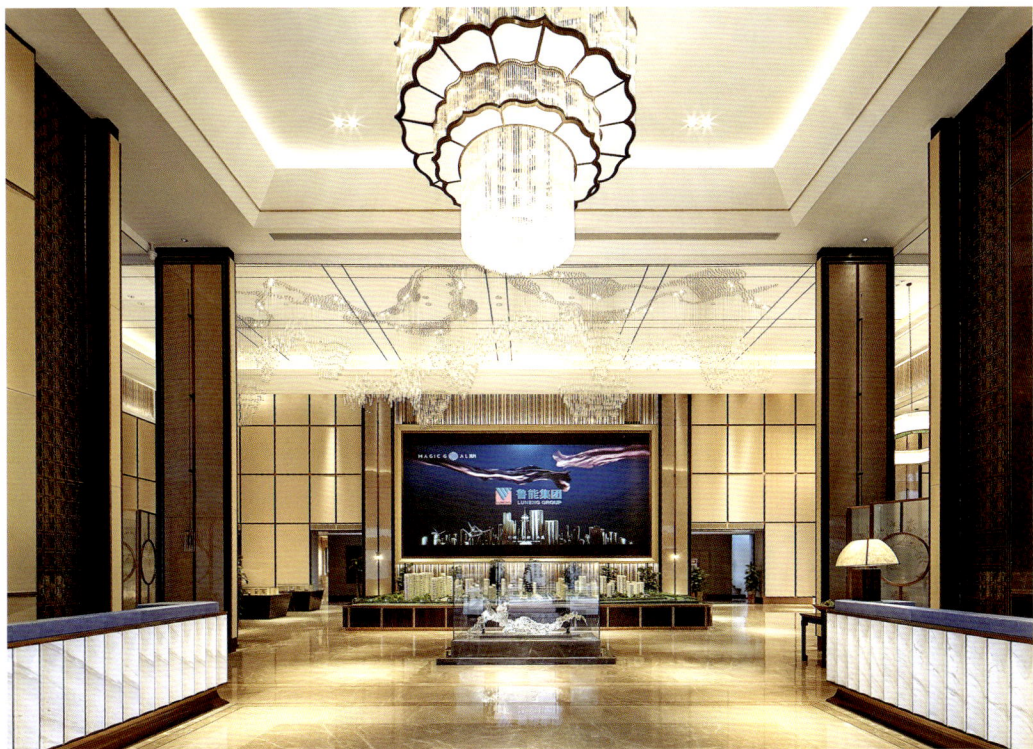

图3　入口接待区

行围堵的方式，采用更加灵活的方式去进行分割，以原有的柱子及饰品构件做功能分区，综合运用格栅、屏风等元素，创造出隔而不断的流动空间。

阵列式的格局，使本案在加强仪式感的同时，提升了客户的身份感和认同感，也增加了项目的价值渗透，展现了传统文化的魅力。

2. 空间传统装饰语言的再生

在空间形式层面上来说，特色文化元素的创新演变无疑是深入了解传

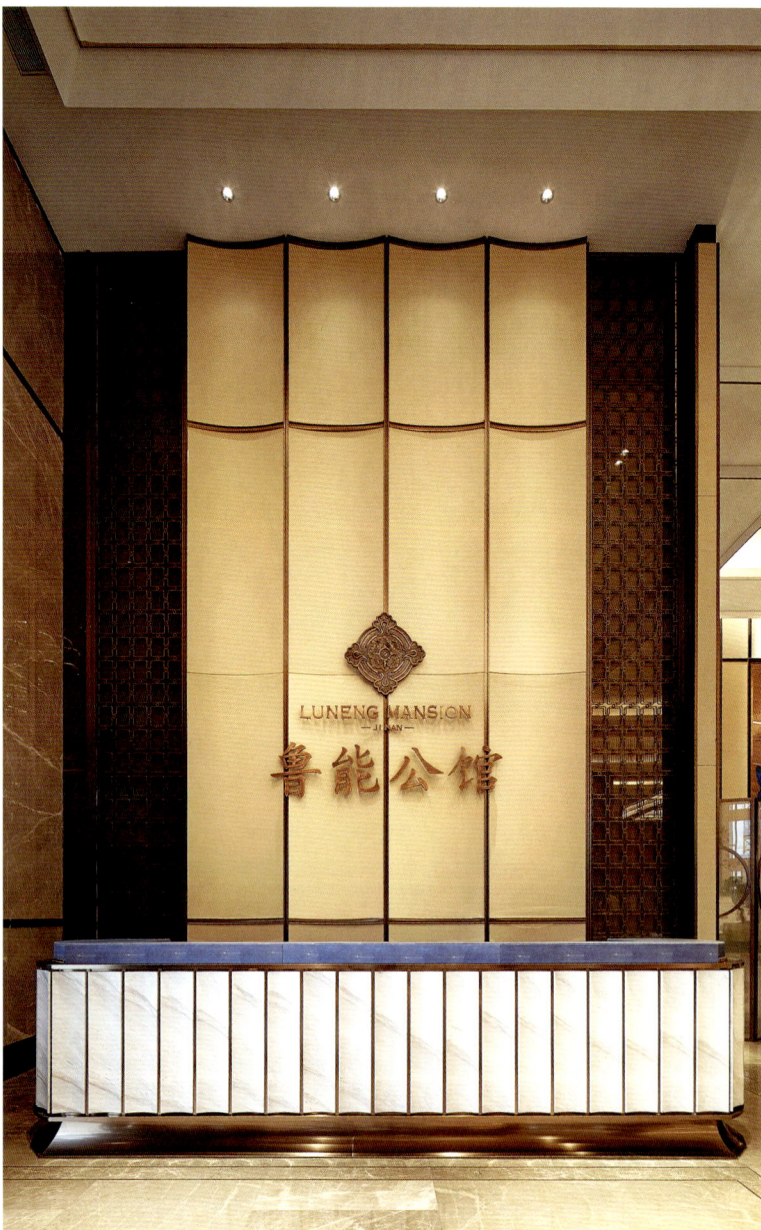

图4　接待区鲁能公馆文化标识

统文化的最佳切入点，这些看似小小的装饰图案，实际上传达了浓缩的历史意义。设计师将传统的文化纹样加以演变，重新解构、衍生、定义为符合新时代特色的空间装饰语言，就像过去与现代语言之间的转换器，使我们可以毫无障碍地对话历史。这种装饰符号在前厅处被运用得淋漓尽致，譬如，古时的宫灯被转换成前厅的壁灯；宫门的拉环被演化为墙体装饰，窗棂上的纹理被提取作为前厅左右两侧的背景装饰等。其最大的功能是为了符合当代视觉审美规律，构筑了最为独特的文化载体，也再一次体现了传统文化的创新性。

3. 空间摆件营造意境

从空间完整度上来说，中国传统文化的表现形式十分灵活多样，这不仅能在大多数古建筑上找到答案，还可通过建筑内部的各类摆设有所感悟。一个完整的室内空间设计，不仅指空间硬装部分，还包括灵活搭配符合空间装饰的各类小物件，使之在大空间中起到点睛作用。

洽谈区布置了传统家具、传统陈设摆件、书法字画等，同时注入诸如体现章丘当地特色文化的黑陶摆件等，这些构件对空间起到了增加层次感的作用，营造出一种强烈的中国传统文化的意境。与此同时，为了体现"现代中式"的理念，还融入现代风格家具作为延展，中西文化在这里交汇、融合，完善了一个符合当今时代潮流的空间。

传统文化助推当代空间设计创新高

中国几千年的文化底蕴给予后人十分宝贵的财富，为中国室内设计的发展和创新提供了源源不断的灵感。在中国集大成的传统文化中，每种思想都有其独特的精神文化，这些文化遗产都对室内设计的发展起着非常重要的作用。

本案作为商业空间，更多考虑的是体现项目本身的品质及文化内涵，以中国传统文化为核心，追求传统文化的传承与创新的设计。客户在走进这里时，带着参观历史的情绪，寻找一种情感的归属感及认同感。设计贵在创新，只有在传统文化传承的基础上不断创新与发展，才能形成我们民族特有的设计理念。

章丘鲁能公馆是传统与现代结合的精华产物，也是传统文化在建筑及室内空间运用的代表作品。在中国传统文化与商业发展紧密结合的时代，这种设计手法使得建筑、景观与室内空间设计浑然一体。如文题所讲，君子和而不同——设计师用现代美学开发空间的可能性，展现了当代的文化气息以及对本土文化的拳拳之心。

图 5　洽谈区空间

图 6　茶室空间

图 7　儿童娱乐区空间

韵趣山水间
——章丘鲁能公馆展示区景观设计中人文与生活情趣融合的探索

北京中联大地景观设计有限公司　　杨青霖

一、八景的故事

在距离济南市区约40km，拥有"千年古县"之称的章丘，人文资源丰富，其中章丘八景尤为著名，古人留下了"高耸危山圣井澄，绣江春涨流水声。百脉寒泉珍珠滚，黉堂夜雪粉妆城。锦川烟雨时时润，龙洞熏风日日清。白云棹罢归来晚，卧看东岭晓月明"的佳句，每一句诗都包含了一个关键词，设计据此提炼出山、江、泉、烟、洞的主题元素，作为整个项目的人文题材。

"山"寓意雄厚、大气磅礴，以象征山的线条、大气恢弘的入口大门作为意象。

"江"寓意柔和、蜿蜒曲折，以交错递进的线条代表柔和蜿蜒的江水。

"泉"寓意灵动、珍珠滚滚，以几何的线条汇聚到一点代表泉的灵动。

"烟"寓意梦幻、轻盈缥缈，以雾气代表烟的轻盈。

"洞"寓意新奇、上探下寻，以廊、样板区、休憩平台作为洞的概念载体。

根据八景元素不同的性格，提炼出符号、空间体块、形态、不同维度的设计语言，以多元化的视角去演绎。

二、岳巍盛廷的气度营造

入口，强调品牌形象、气度、规格，以大气磅礴的山主题作为呼应，相得益彰。它以长52m、高4m的景墙围合界定，也为主题表达提供一个素静、雅致的纸面。

简洁的山形线条以阴刻的形式在地面体现，表达山主题立意。层层递进的台阶，示意登堂入室，寓意步步高升；左侧的山主题雕塑，通过参

图1　"章丘八景"意象分析

图 2　章丘鲁能公馆展示区入口空间

数化生成，以金属板为材质进行精度切割，形成山体片，多个片组合，营造高低起伏、层峦叠嶂的群山意向；山脚下以象征水的镜面水池环绕，营造灵动生气的氛围。

"高耸危山圣井澄"，在这句诗中还隐藏着一个有趣的传说，相传危山深处藏着一口井，由于在旱灾期间拯救了当地老百姓的性命，故被冠以"圣井"的称号，我们将该元素巧妙地藏在镂空景墙的视线焦点处，唤醒人们对圣井的回忆。

虚实相间、高低起伏的山形格栅墙，描绘着山绵延不绝的气度。

三、源泉万斛的诗意灵动

"百脉寒泉珍珠滚"，百脉泉与趵突泉齐名，居八景之首，无数串晶莹的珍珠从水底摇曳冒出，缓缓浮上水面，似珍珠滚动，形成美轮美奂的典雅景象。这一人文景象家喻户晓，又是以灵动生气的活水形态出现，有强烈的故事感，适合在重点区域去刻绘。

中庭，空间方正，通过廊道围合，形成聚气之场所，在其内部中央，通过长达 30m 的跌落水池，寓意为百脉泉的源头，泉内涌出源

图 3　镂空景观墙

图 4　山形格栅景观墙

图 5　中庭与展示中心

图 6　中庭空间夜景

图 7　中庭景观石

头，源头之上涌出三块一脉相承的造型景石，与身后的八景赋景墙形成强烈的诗意画感，把整个中庭的氛围推到了高潮。

在中庭施工期间，造型石的选择和涌泉涟漪的加工及两者之间的咬合成为一个难题，第一没有找到原设计所期望的石体造型，前后选择了十几个样石在模型上推敲位置、比例、埋身，最终确定三颗色系、肌理、尺度都能达到要求的造型石，着实不易。这里也给设计及业主提出一个要点，涉及造型石，如果没有找到合适的石头，对主题立意的表达是毁灭性的，因此必须高度重视提前踩场、亲自挑选、模型推敲，包括与之搭配的造型树。

四、别有洞天的清奇多变

"龙洞熏风日日清"，龙洞是天然形成的溶洞，洞内宽窄不一，高低不齐，时而通透，时而密闭，变换非常。

龙洞的空间结构丰富多变，虚实结合，设计把这种理念植入示范区入口内，营造饶有趣味的记忆点，穿过这个"洞"到达样板区景观，营造新鲜感。

五、水韵觅趣的生气盎然

"绣江春涨流水声"，讲述的是绣江每年春天的河水大涨，缓缓地流入河道，滋润着万物，一片生机之景象。

该区域处于市政绿带中，现状是很硬朗的泄洪沟，为了打造一个亲和的绿带公园，设计提出了破除原有泄洪沟，以生态自然的护坡结合多彩绿植，打造一个能观、能玩、能留、能跑的小绣江。

整个泄洪沟宽6m，高3m，因章丘雨水量有限，故基本上沟内多年无水，就这样荒凉地矗立在绿带内，对公共资源是一种极大的浪费，借鲁能公馆的这个时机，设计提出改造整条泄洪沟的理念，在保证排洪要求的基础上，抬高沟底高度，使坡度达到宜人的观感尺度，沟底堆卵石，在局部重要的节点结合防水，叠石理水，种植亲水植物，营造绣江之水韵。

结语

本次设计探索，既是对八景文化故事的重新表达，产生出生动高雅的人文视觉效果，也希望对八景故事的提炼形成高度浓缩且有代表性的符号语言。并对功能进行科学合理分析，形成符合现代人审美情趣的景观，让人能发自内心地感受来自山水的韵味与乐趣，从而实现景观价值。

图8 展示区入口之"别有洞天"

图9 场地原有条件

图10 泄洪沟改造后效果

文昌鲁能山海天海石滩叁号

地点：海南省文昌市龙楼镇海石滩片区铜鼓南路

占地面积：17.51 万 m²

总建筑面积：12.16 万 m²

建筑设计：缔博建筑设计咨询（上海）有限公司

室内设计：深圳市于氏装饰工程有限公司

景观设计：深圳市喜喜仕景观设计有限公司

设计时间：2016 年 05 月

与自然共舞：现代人文休闲会所
——鲁能文昌山海天海石滩三号展示中心室内设计

深圳市于氏装饰工程有限公司　蓝瑜琳

本案以物质空间为载体，通过不同空间功能的思想性，用最本质的生活元素来唤醒人体各种感官的敏感度，唤起自身的存在感，从而思考自己、思考人生、体悟生命真实的喜悦和智慧。

现代休闲会所的人文传承

项目基地位于文昌市东南角，棉福村境内。北边是铜鼓岭国际生态旅游区，南边有独特的海岸资源，现规划的美丽乡村等民俗风情体验区将项目与海岸线紧密连接在一起，项目具有极佳的地理位置与极具瞻望的发展前景。

设计概念以"海傍碧海蓝天，林栖椰林沙滩，田居田间牧歌，魂依灵魂禅境"的自然"野"的情趣，渲染惬意悠然的度假氛围。傍山海之侧，居乡野之间，打造水月沐花的安静居住空间。建筑风格为东南亚风格，建筑造型生动细腻、虚实结合，塑造了热带休闲的氛围。

室内设计结合了建筑设计元素，大量运用格栅与玻璃推拉门等元素，使得室内空间开合有度、通透大气，有利于庭院景观与室内相互融合、相互映衬。立面材料以木材、铁艺、玻璃为主。项目规划将展示区设置在项目西南侧，靠近

铜鼓大道，利于营销展示动线的开展。展示区内包含营销中心以及生活体验区，形成项目自身的配套设施。样板展示空间，尽可能将此区域与别墅区原建筑规划相统一，给予购房者社区初印象；南侧生态展示空间，借景项目南侧生态椰林，将生态融入园区，体现区内景观与区外自然的无缝对接。

当站在销售中心门口时，通过灯光可感受到

浓厚的商业氛围，一半室内一半室外，强调室内外空间有一定的衔接，模糊室内外场景的界限。

接待前厅陈设功能简洁，空间使用质朴的石材、时尚的金属，形成对比的黑玻与木头，有序的格栅及灯光营造前厅场景的氛围，鲜明可变的LED屏画面突显了当地休闲度假的主题。从庭院望向洽谈区与模型区，浓厚的灯光氛围与舒适的家具结合，突出空间内容丰富、场景有层次。

图1　海石滩三号展示中心主入口

模型区利用质朴的毛面石材与金属相结合，通过材质的对比、空间层次的递进，通透书架与舒适水吧区的结合，弱化了销售的氛围，增强了休闲度假的体验感，它既是模型展示区、洽谈区，也是咖啡厅、酒吧。

餐厅同样临街设置，暖色调的灯光氛围带动了周边的商业气息，与周边度假休闲的景观庭院融为一体，更好地突出了当地海南特色的主题。利用通透的金属装饰层架与质朴的石材，更好地划分空间层次；高品质的灯饰与家具陈设，打造出具有现代艺术风格的精品高档西餐厅。质感极强的金属天花与朴素的灰色乳胶漆材质，高低错落融合，更显得空间有层次有细节。柱子保持自然的水泥肌理，结合星光般的艺术饰灯高低错落悬挂，营造出浪漫的氛围。

儿童活动室使用活泼的颜色融入空间，高

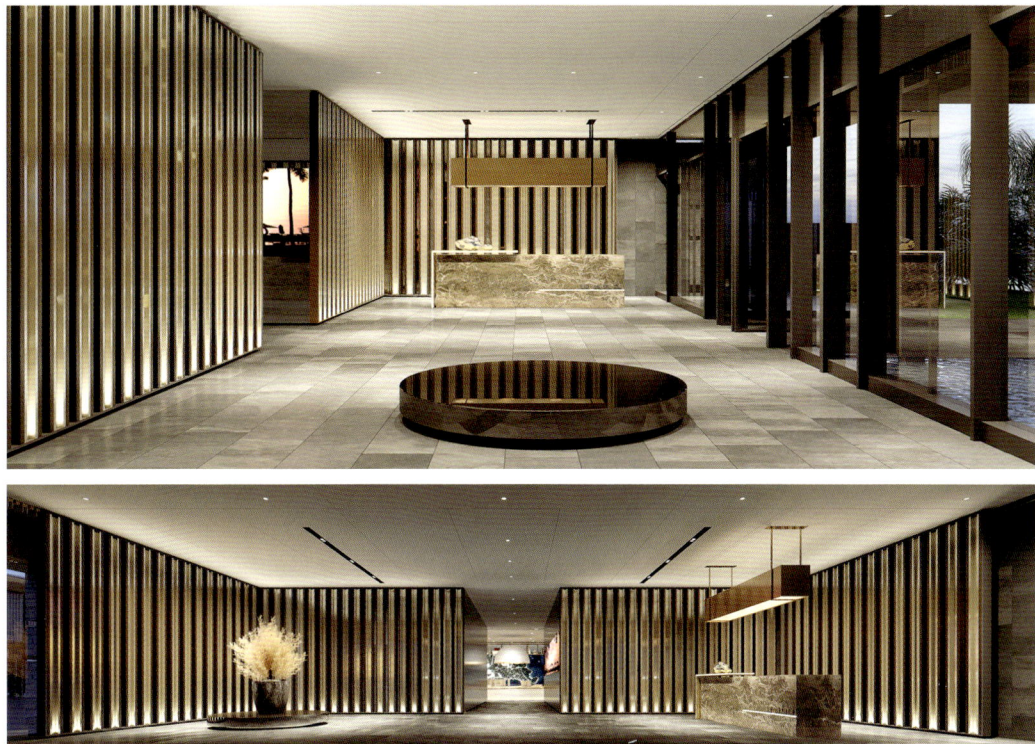

图2　海石滩三号展示中心接待前厅

图3　海石滩三号展示中心书吧

图4 海石滩三号展示中心沙盘区与书吧室外夜景

品质的儿童家具陈设，增强了儿童活动室的趣味性，拱形的装饰立面及暖色的光带使空间显得有层次。拱形门的背后可以通过电视屏幕、绘画、涂鸦体验无限遐想的世界。

提近山之得，择海而局，销售中心为构造热带休闲度假氛围，结合当地优越的自然景观元素，将海天一线运用于空间色彩体系中，搭配雅致、清爽的家具，使之与建筑结构浑然一体，和谐中带有张力，纯真而又质朴，让心灵在自然中憩息。硬装设计的取材用料与周围的建筑环境达到了高度的和谐统一，软装在家私的选择上，采用了拥有同样设计理念的国际品牌，以 HAY、Muuto 以及 Stellarworks 为主导，品牌风格自然不造作，在灯具的选择上，则选用了更具艺术性的灯具，希望能达到窗内灯火辉煌，窗外星辰大海的设计场景。定制地毯使用羊毛加丝的材质，结合太平地毯优良的制作工艺，不落俗，不花哨，延续了整体设计的气韵。装饰品摆件的选择充满了人文及艺术性，根据不同空间，选择了些许具有收藏感及时尚感的摆件，其优雅的造型使整个空间显得稳重大方。

图5 海石滩三号展示中心餐厅

图 6　海石滩三号展示中心餐厅

图 7　海石滩三号展示中心儿童活动区

"南洋春堂，三进幽境"：对景观空间情感化的营造
——文昌鲁能山海天海石滩三号展示区景观设计

深圳市喜喜仕景观设计有限公司　　李哲

纵观现在地产展示区的设计，多以繁复的装饰感及多样的空间设计吸引眼球，乍看豪华新颖，但经过时间的推移，总是渐渐让人遗忘。这仅仅是满足人们的视觉享受，而忽视了景观与人的心灵互动，不禁让人思考，怎样的景观能给人以美好的记忆，并且能够使人产生心灵的共鸣。

建筑哲匠路易斯·康所言空间是心灵之所。一个空间有了感情，才有了生命力。因此，从精神层面考虑，景观去形式化，注入情感，让人产生心灵共鸣成为此项目景观设计的一个重要思考点，以探索营造心理感受氛围的景观空间。

项目位于海南省文昌市东南角，棉福村境内。北边是铜鼓岭国际生态旅游区，南边有独特的海岸资源，现规划有美丽乡村等民俗风情体验区，将项目与海岸线紧密连接在一起。旅游资源丰富，风景优美，浪漫怡人。项目比邻原生态的椰林，海岛风情浓郁且富有野趣，环绕农田，具有鲜明的海南农耕文化特色，椰林、沙滩、田园的自然风光尽收眼底，一副渔舟唱晚、田间牧歌的生活美景浮现眼前。遥想，景观的营造已不在那方寸之间。

项目定位——将景观回归自然

以自然环境为依托，将自然融入生活，在自然中释放心灵，维持自然与开发之间的平衡，让生活与自然和谐共生，成为项目景观设计的最终追求。

项目构思

南洋，亦指今天的南海和东南亚地区，在历

图1　海石滩三号展示区景观总平面图

图例：
01 小车停车位
02 入口广场
03 台阶跌水
04 入口栅栏门廊
05 特色跌水景观
06 景观游廊
07 玉月雕塑水景
08 雕花流水景墙
09 休闲木平台
10 禅意景观沙池
11 特色栅栏门廊
12 小区停车位
13 车行道
14 宅间小道
15 疏林种植
16 禅意椰林
17 儿童活动乐园
18 阳光草坪
19 竹径
20 水上平台
21 挑台廊架
22 水上栈桥
23 无障碍坡道
24 树阵
25 对景跌水水景

史的变革中，不难感受到南洋文化对海南这片土地的影响。南洋文化的点滴与岛民的日常生活深度融合在一起，正是这种异域的风情，吸引着天南地北的人来到这里。

月亮，是中国人心目中的宇宙精灵，《史记·天官书》云："月者，天地之阴，金之神也。"月光清和、明亮、素雅，亦所谓"花开烂漫月光华，月思花情共一家，月为照花来院落，花因随月上纱窗"。

海石滩三号，铜鼓岭山下，海边，山水自成一体，田野风光浑然天成。野花吐芳，月儿娇媚，庭院深深，窗纱虚掩间花月相互映衬，"山、海、月、花"成为项目表达地域脉络的自

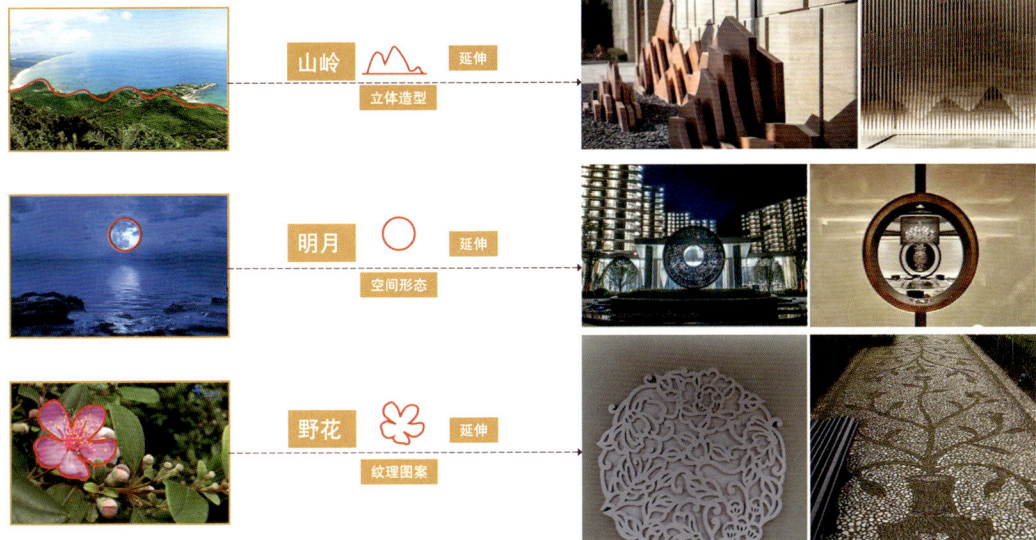

图2　景观意象元素提取

图3　海石滩三号展示区入口

图 4　海石滩三号展示区中庭夜景一

然象征，融入南洋文化的人文情怀，将其提炼与延展，形成蕴含情感化的主题空间。

空间营造

根据对场地的研究和建筑布局的分析，设计了较为方正的建筑布局，并将场地划分成几个围合的庭院空间，为了营造更丰富的景观动线和多样化景观体验，根据古典造园空间布局的手法，设计从入口处至中庭，再至内庭的三进院落的空间。

入口——花月素影，山水潺湲

海石滩三号于山海椰林自然之间，拥有一种朴素的自然情怀，因此在对空间的布局和细节的设计考虑上，以处于自然、融于自然的理念为原则。展示区入口的营造，摒弃过于庄重的设计，打破过于繁复的厚重感，以一种度假的情怀和简奢自然的手法铺陈直叙，借用东方园林中"虚"与"实"的合境、朦胧、含蓄的美学思想，以花为引，化于月中，在光影格栅烘托下，山水潺湲。材质的选择始终坚持回归本真，烘托质朴与

低调奢美的气质，第一眼望去就给人静谧、优雅及度假的心理感受。

中庭——海月共生，椰风林栖

"海上生明月，天涯共此时"，海与月自古是文人墨客舒发情感的美好事物，中庭以海月为题，营造海上生明月之意境。由入口拾阶而上，进入大堂，远望中庭，似乎有一轮湛蓝的明月，中心还有如幕的跌水，近看方发现前后玄妙之处，如幕的水景为后置的一轮月形水幕墙，与前轮月产生前后视线的错觉，既运用了借景、框景

的手法，又高于其用。水利万物而不争，进入中庭，即见中轴大尺度的水景，中心以一轮明月雕塑为点睛之笔，以圆润剔透玉月为形，带上一抹蓝，与海洋遥相呼应，带来海洋的气息。水与月共影，犹如一弯明月水上来，溯游的鱼群与月结合，也有"鱼跃"之意，赋予一种吉祥的寓意，银河望月，藏风纳气。

后院——巧于因借，与自然相接

借景是中国传统园林的造园手法，明末著名造园家计成所著《园冶》一书中提出了"巧于因借，精在体宜""借景随机""借景无由，触景俱是"等原则，园虽别内外，得景则无拘远近。

千树椰椰食素封，穹林遥望碧重重，展示区南侧为一片原生态椰林，椰林挺秀，婀娜婆娑，美不胜收，为了突破场地的界限感，运用借景的手法，柔化场地的边界，纳入一部分椰林进行改造，营造原生态的景观区，水上闲庭，茶歇谜语，椰林小境，不禁让人想在这多停留一刻，放松心境，感受远离都市的悠然自得。

结语

在海石滩三号里，我们让设计回归纯粹与本真，坚持自然而淳朴，释放材料甚至是空间最本质的属性，脱离形而下"器"的层面，注重参与者心理情感的变化，让身处其中的每一个人在入眼的那一瞬间摒弃外界的喧嚣嘈杂，感受安宁和放松，它以舒适自然的减退美学和质朴的风格引起观赏者的共鸣，我们以传统造园手法和现代简洁的艺术语言在有限的物镜中创造无限的意境，使作品形象中所蕴含的情感与哲理能更加溯本追源地回归本真。

图 5　海石滩三号展示区后院夜景二

图 6　海石滩三号展示区后院夜景三

海口鲁能海蓝园筑

地点：海南省海口市秀英区

占地面积：4.32 万 m²

总建筑面积：10.69 万 m²

建筑设计：上海日清建筑设计有限公司

室内设计：上海曼图室内设计有限公司

景观设计：深圳喜喜仕景观设计有限公司

设计时间：2015 年 03 月

以设计为导向的景观与建筑的结合
——海口鲁能海蓝园筑规划与建筑设计

上海日清建筑设计有限公司

本案以贴切的、人性化的设计理念营造出一个别具一格的温馨、自然的城市生活区。设计中始终以"人居"为基准点，追求居住的舒适度与品味，同时建立社区的独特风格。

漫步自然，都市体验——区位与理念

本项目位于海口市西海岸南片区，距离市政府仅 1km，距环岛东线高铁海口火车站约 4.8km，驾车约半小时即可到达市中心。区域未来教育、医疗配套完善，受海口未来 CBD 商圈辐射，交通完善，商业配套前景较好。地块具有天然的景观优势，东依占地 7000 亩的五源河森林公园，南接五源河水系公园，雄踞海口市政务度假核心区域，占据独特区位优势。然而区位优势必然带来周边竞品楼盘林立如云，在竞争如此激烈的市场状态下，本项目要建立一个海口新城的可能性是什么？如何在一个新区打造吸引本地客户和外来投资的居住社区？如何让本案比周边竞品更有优势更富竞争力？

低密空间，花园居所 ——空间与结构

《长物志》中写到，"居山水间者为上"。寻山问水，仿佛是文人雅士天然的追求和理想。然浮华都市中，隐秘尚是奢谈，何以山水之境。静谧的自然山水，绘出了原始生活的自由自在，喧嚣的都市繁华，承载了现代生活的舒心便捷，从城市的车水马龙到大自然的鬼斧神工，该项目渴望有一处往返于自然和都市间的居所。

地块具有天然的景观优势，东南两面的公共防护绿地与隔路相望的五

图 1 总平面图

源河森林公园共同形成独特的天然景观地貌。作为地处周边市场高度认可的住宅片区，该如何合理利用资源优势，实现与周边的异质化处理，成为本次设计的核心出发点。

建筑整体排布呈西高东低的态势，最大化地利用了地块东侧的公园景观资源。内部景观采取板式高层与低多层分区布置，各自围合出较大的景观空间，高低区景观分区明确。

中间形成景观主轴线，最大限度地满足了景观视野与住宅本身通风日照的要求。引入花园城市概念，把"公园"带回家。

高层底部大面积架空，室内外景观采用一体化设计，使整个小区视线通透。叠拼和类独栋赠送前后庭院，每户均可做到庭院入户。院巷的做法增加了组团的趣味性和风情感受。示范区放在位置欠佳的地区，可有效遮挡南侧加油站的视线。黄昏时分，归家入园，漫步于自然成为难得的舒心体验。

创新理念，以人为本——产品设计

现代住宅关注居住本质，关注室内空间和景观视线的空间化设计，更加关注人的丰富情感和体验，不再单纯以功能或者作秀为目标，更重要的是，这是人类居住理念在真正接近最真实的感受。本项目在多低层产品——叠拼和类独栋产品中运用了创新的"视力表"产品，主要创新突破点体现在：保量增质，提高溢价。具体表现为叠拼联排产品在更加有机的组合条件下与场地不同资源的精确匹配，此种方式在于挖掘与利用传统住区规划中被低溢价产品所浪费的场地优质资源，导致总图犹如视力表一样，因此形象地称之为"视力表"产品。

丰富的产品类型在满足多样化需求的同时创造了起伏的天际线。

图 2 景观资源分析

图 3 鸟瞰图

图4 "视力表"产品结构分析

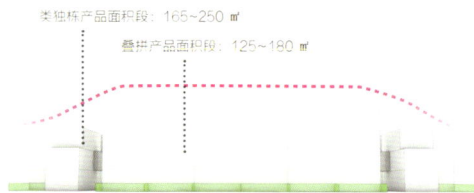

图5 "视力表"产品天际线示意

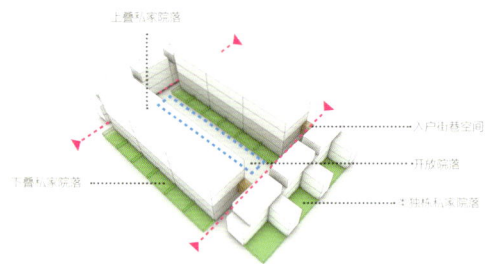

图6 "视力表"产品空间分析

图7 叠拼产品空间结构分析

图8 高层产品效果图

在基本保持容积率的情况下最大限度地提升了空间的品质与土地利用率。

创新产品的使用,以达到土地资源利用最高效、产品类型丰富、形成有机院落组团空间和赠送方式多样化的优势。

致敬经典,创新诠释——立面细节

高层立面基于滨海城市的特点,采用现代设计风格,摒弃了过于复杂的肌理和装饰,简化了线条,强调比例、尺度和细节,利用实体与玻璃栏板的对比营造舒缓的立面感受。

多层部分则采用新亚洲风格,坡屋顶和大挑檐的设计手法,将优雅的情怀与现代人对生活的需求相结合,反映出新时代个性化的美学观念和文化品位,优雅、庄重、人性的特点满足了高端人群对居住的需求。

民族特色,地域风情——示范区策略

海、天、风、阳光等单纯的自然元素构造出鲜明的海口本土风情。而本案的课题是建筑该以怎样的姿态介入这片环境中,与其相协调,并最终塑造出一个有强烈地域特征且专属于这片土地的空间场所。

示范区建筑的设计风格试图体现典型的热带雨林环境和传统的民族风情特色。屋面大而陡峭,采用自然茅草铺盖,四角为石材基座,以稳重的造型塑造建筑。会所前的水系与中央景观串联贯通,创造出休闲、怡情、浪漫、自然的空间。

结构体系采用钢结构的分叉支撑起一个三维大悬挑的屋顶,选择将梁柱完全暴露的做法让结构的美感和纤细的支撑构件与这"木屋子"合为一体,创造出层叠、变幻的韵律。通过材料与结构结合的轻盈感,使传统与时尚体现出隐含的融合，使场所的地域性得到进一步的表达和提升。

海南沿海地区会受到海风及海水的侵蚀，要求材料具有耐候性、耐酸和腐蚀性并且能够抵抗台风，因此本案选用了相比天然材料更加具有优势的茅草和生态木，在新材料的基础上进行了构造节点的创新与改造，体现结构之美、自然之美，以及对自然的尊重和对人文的崇尚。

结语

基于现代主义的理性方式，追寻技术美与人情味的和谐统一，使居住者的情感回归宁静与自然，以对抗社会中浮华花哨的建筑风格和浓重的无风格化倾向。把"公园"带回家的整体格局、精心设计的充满本土风情的展示区建筑以及创新的产品，充分体现居住建筑在走向理性的同时，又注重对人性的全面关怀。

图 9　叠拼产品效果图

图 10　类独栋产品效果图

图 11　示范区效果图

福州鲁能公馆

地点：福建省福州市晋安区

占地面积：用地 6.36 万 m²

总建筑面积：27.23 万 m²（含地下室面积）

建筑设计：上海日清建筑设计有限公司

室内设计：黄志达设计顾问（深圳）有限公司

景观设计：深圳喜喜仕景观设计有限公司

设计时间：2015 年 07 月

创新生态人居
——福州鲁能公馆建筑规划设计

上海日清建筑设计有限公司　　吕抱朴

未来引领 生态人居

——简介

本案坐落于福州市晋安区，五四北区域的门户位置，与五四路 CBD 仅一桥之隔，紧邻地铁规划 1 号线，交通便利。距五四北泰禾广场仅 1.6km，距福州火车北站 2.1km，距福建省政府 4.1km。虽然不是福州传统意义上的豪宅区域，但成熟的配套以及未来的规划前景都使该地块有了成为区域标杆的可能。地块为一缺角矩形，相对较为方整，然而 3.4 的容积率还是给地块带来了不小的压力，加之地块周边没有什么高价值性的景观资源，一切都要从地块内部挖掘。

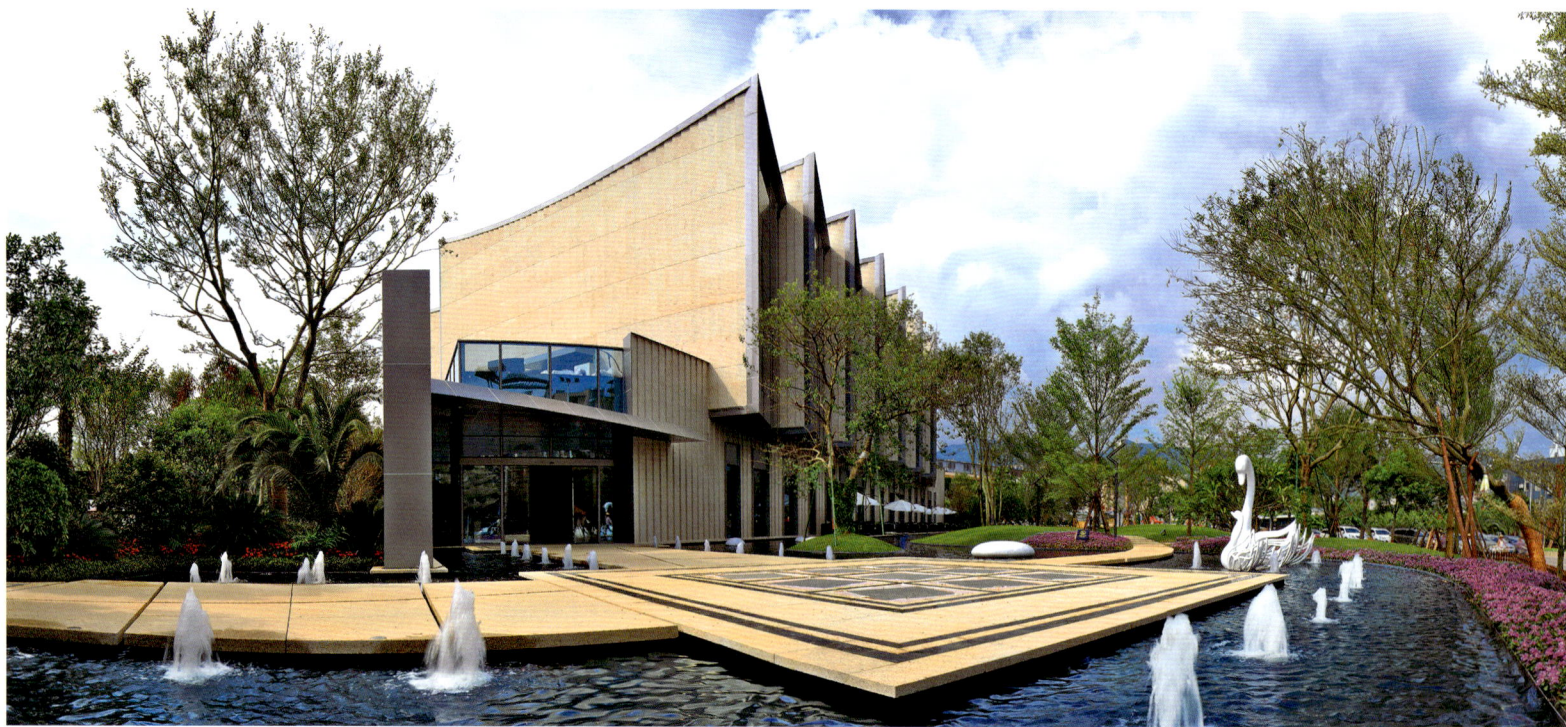

图 1　售楼处主入口实景

图2 鲁能公馆总平面图

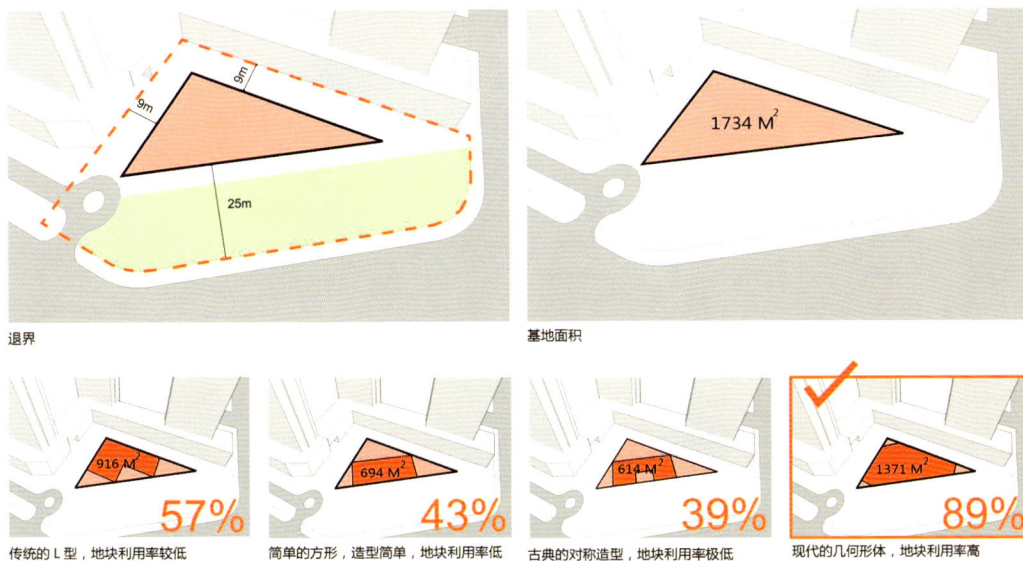

图3 方案生成分析

闹中取静 大隐于市

——整体规划

城市快速扩张造成的现代都市问题一直都是建筑师讨论的热点。"拥挤、嘈杂、钢筋森林"这些似乎都成了城市的标志。近年来，随着人们开始追求生活的品质，逐渐想要摆脱钢筋水泥的包围，"健康、绿色、生态"慢慢成了大家追求和讨论的热点。

在3.4的高容积率要求下，我们将建筑体量堆积在基地东、西、南三条边上，将高容积率这一不利因素转化为与外界隔绝的"墙体"，留出中间的大尺度空地打造中心生态花园，建筑充当了隔开周边和内部花园的屏障，将地块内部的价值最大化发挥，取得了"闹中取静"的效果。

穿插在高层之间的组团花园围绕着中央景观花园，形成丰富的空间层次。超尺度大花园实现了更多的人均绿化面积，提供了更宽广的公共交流空间和活动场地。同时，面积足够大的花园绿地与水系景观能形成区域小气候，可以营造出更加健康的微生态环境。从业主进入小区，便进入一个相对独立、与外界相对隔绝的生态、绿色的微环境中。

内外兼修 宜静宜动

——商业空间

地块规划要求中9000多 m² 的商业是一个不小的体量，而地块现状只有南侧一条很短的边和东南侧缺角处是临街的，因此，如何均衡商业和街角以及商业和住区内部的关系很重要，同时商业本身的空间形态也需要进行推敲。

本案利用街角的关系将商业布置成一个凹的"L"形体块，再将剩余部分用一个三角形体块填补，这样两个体块之间便创新性地形成了一个

113

图 4 售楼处总平面图

1. 车行入口
2. 人行入口
3. 营销中心入口
4. 景观示范区
5. 办公入口
6. 营销中心
7. 活动广场

北

图 5 建筑造型创意—千帆共济

图 6 生活馆南立面

图7 生活馆水景

商业内街。临街的三角形体块打造为生活馆，前期作为售楼处，昭示性最强，而内街的形式则会为人带来更亲切、更有趣味性的消费体验。

创意扬帆 千帆共济

——示范区策略

作为鲁能集团进入福建的首个项目的示范区，我们希望它能展现鲁能实力央企的形象，同时我们也希望它成为福州别具一格的城市会客厅。我们试图打造一个环境轻松休闲的全方位体验性、强调社区共享、去售楼处化、以鲁能文化为基础、强调文化体育艺术与地产结合的国内一流示范区。

然而在退完建筑控制线，并且留足与旁边沿街商业的间距后，仅剩下一个有着30°锐角的直角三角形，而这个有效用地面积叠加三层后（容积率为3.4），几乎就是建筑功能需求的使用面积，也就意味着这个建筑只能是以一个非常规的三角形平面为主体。利用三角形的平面解决问题是一件具有挑战的事，但同时也孕育了项目的创造性。

福建文化源自中原，流及海外，具有大陆文化和海洋文化的双重基因。作为示范区的核心建筑，我们在鲁能与福建海洋文化的碰撞中，联想到了扬起的风帆。这里的"帆"，既可以比喻为鲁能引领、创新、共赢的精神，又可以理解为海洋文化的具象特征，可谓是形髓兼具。

帆之髓——不论是帆船运动还是有力的水手，风帆总能给人以健康、阳光、有力的印象。这与鲁能所倡导的"生态、健康、运动、娱乐、科技"的理念不谋而合。

帆之形——福建的海洋文化精神，敢斗风浪，敢为天下先，设计将扬帆的灵感抽象为建筑语言，同时汲取了福建传统民居飞檐的造型，在对历史的记忆中传递了现代建筑的语言，从而呈现出建筑本身的自然协调性和更深层的文化。

建筑形态上，一层由三片引导性的石材片墙顺应基地围合玻璃盒子而成，最大程度地利用了场地，纯净坚实，成为整个建筑的基座。二层与三层由七个顺应场地斜角变化的锯齿状单元舒展地铺陈开来。东西面为米黄色的竖向干挂石材，简洁干练。南面为大面积的玻璃，实现与室外景观的充分交融。夜幕时分，内部的光线从内向外渗出，建筑成为小区温馨的发光体。建筑的屋顶是抢眼的几何优美弧线造型，如同飞扬的风帆，又如起翘的飞檐，以独特的方式呼应着传统福建民居坡屋顶的同时塑造标志性形体。

研究了多种入口方式之后，我们最终决定将建筑主入口设置在街角处，人流可以便捷地于此进入门厅后自然过渡到最大的挑空空间，这个竖向的开敞空间与沿街三角形长边的横向开敞空间相互融合。在这个长边的外墙上我们设计了大量的落地玻璃窗，退让绿化带中的景观可以伴随着阳光一起渗透入室内，为每一个使用建筑的人创造一个静谧且舒适的场景。

本项目旨在为住户打造新的生活体验，让居住不仅仅是居住，更是一种生活方式和生活态度。对于基地的理解和剖析使得东南角原本不利的地形成为设计的另一个亮点，内街式商业与生活馆的交融成为整个社区最活跃的部分。正是对生活模式的创新结合对地形处理的创新为本案带来了全新的生活体验。

以地域文化特色打造城市名片
——福州鲁能公馆展示中心室内设计

黄志达设计顾问（深圳）有限公司　　蒋辰蕾

一、挖掘地域特色文脉，活化主题空间发展

人类历史文化在特定地域空间上的不断发展融合形成了如今具有多重文化属性和地方特色的文化景观。作为与人类生活方式中最直接相关的室内空间与其他景观文化现象综合在一起，构成了具有特定特征的显性文化。在此背景下，空间设计如何在揉入当代艺术的基础上，彰显福州本土文化特色成为我们将要探索的问题。而就此问题提出行之有效的设计方案之前，我们必须深入挖掘当地特色文化，汲取其中精髓，从而使设计既能融入福州本土文化符号，又具有鲜明的时代特征。本文力图探寻如何在具体设计时，融入地域文化元素，用简洁时尚的手法，打造契合当地文化气息的室内环境，形成具有文化脉络的文化综合体，更使得室内设计转化为功能性与体验感合理统一、与文化共生的空间环境。

二、地域文化在空间设计中的美学表现

室内设计作为建筑设计的延伸及升华，应当与建筑的风格、地域、周边景观等紧密相连，作为一个整体出现，共同构筑合理统一的商业空间。

梁思成先生曾于《中国建筑史》中说道，"其活动乃赓续的依其时其地之气候，物产材料之供给；随其国其俗，思想制度，政治经济之趋向；更同其时代之艺文、技巧、知识文明之进退，而不自觉。建筑之规模、形体、工程、艺术之嬗递演变，乃其民族特殊文化兴衰潮汐之映影；一国一族之建筑适反鉴其物质精神，继往开来之面貌"。这段话可理解为，建筑设计体制中决定建筑风貌的三大要素分别为：时代、环境、社会。

同理可论，随着时代环境的变迁，地域性文化无论是在建筑形体还是室内装饰中，都应当被继承发扬。而建筑与室内空间这两个领域共享的

图1　洽谈区一

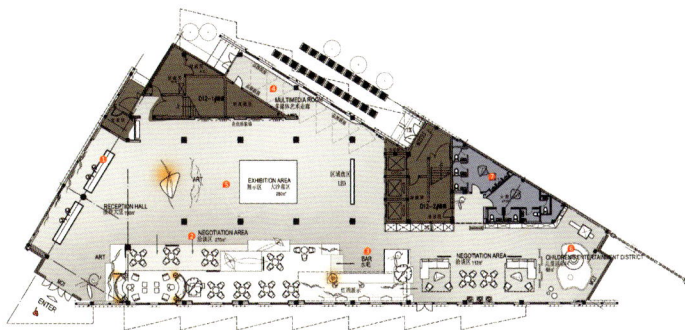

① RECEPTION 接待大厅　② NEGOTIATION 洽谈区　③ BAR 水吧区　④ MULTIMEDIA 多媒体艺术走廊　⑤ EXHIBITION AREA 展示区 大沙盘区　⑥ CHILDRENS AREA 儿童活动区　⑦ BATHROOM 洗手间

图 2　一层平面图

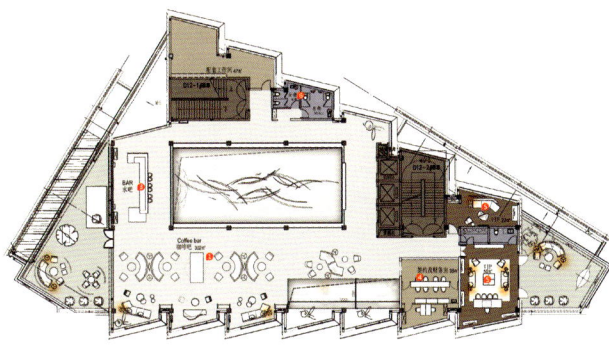

① COFFEE BAR 咖啡吧　② OFFICE 办公室　③ BAR 水吧区　④ SIGNING & FINANCE 签约室 & 财务室　⑤ VIP VIP室　⑥ BATHROOM 衛生間

图 3　二层平面图

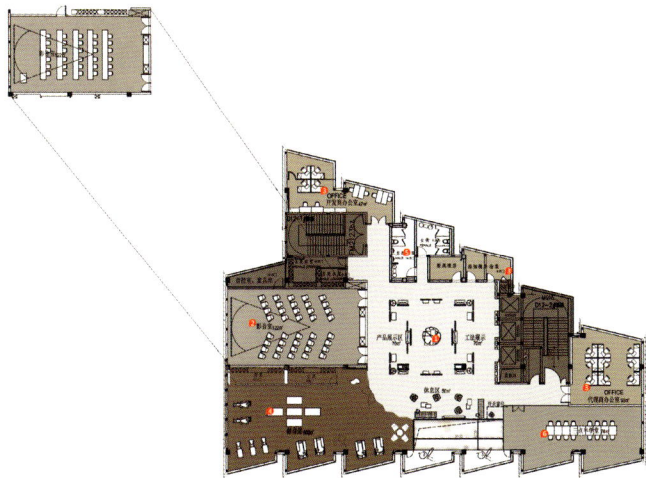

① EXBITION 展示区　② Video 影音室　③ OFFICE 办公室　④ GYM 健身房　⑤ BATHROOM 卫生间　⑥ TRAINING CLASS 三点半学堂

图 4　三层平面图

美学规律及共性特征，由当代艺术作为串联，主要表现在建筑外观与室内空间上。

　　本案建筑以向往大自然与寓意激情的"帆船"元素而设计，斜屋顶层帆叠加而成的中式建筑，加上极具视觉冲击力的形体和新颖独特的外观，在外立面上带来独特观感。项目从建筑、室内、园林景观和陈设各个维度同时开始设计，共同蜕变出当代艺术氛围的空间享受。

　　设计师透过建筑与当代设计来创造生活美学，透过当地文化元素结合空间量体来营造氛围，内外兼修皆自然。所有空间尽可能保有大面积采

图 5　沙盘区

图 6　洽谈区二

图 7　洽谈区三

图 8　接待区

光，以消除室内的黑暗感和封闭感，使室内空间倍感亲切自然，同时加深白天与黑夜不同的视觉感受与动线层次。整体空间线条简约、时尚，以当代艺术装置作为点缀，把"文化""艺术"作为主要元素渗透在展示区的室内空间设计和软装陈设中，打造兼具现代艺术与传统文化的去商业化展示中心。其中最为显著地表现在地域性文化的装饰元素中。

以地域文化元素装饰空间氛围一：福州"三宝"的运用

在福州地域性文化元素中最为突出的，要算上福州"三宝"——脱胎漆器、油纸伞、角梳。曾经，纸伞像柴、米、油、盐一样，是过去福州人居家、出行少不了的物件，这便成就了福州曾经兴盛一时的纸伞业。清末民国时，福州市纸伞作坊号称有 300 多家，以致《福州史志》记载："福州洋中亭一带，每隔几米，便有一家伞店。"如今，福州纸伞由于工艺复杂已悄悄离开繁忙现实的都市生活，但它却作为一种情结植根于福州人家的心中。

源自对当地文化的解读，设计师寻找当地文化符号与当代艺术的契合点，将油纸伞穿插排列，使其大小不一地悬浮在半空，犹如自然散落而形成的艺术品。接待台处一眼可见纤细自然、发光云石的天然纹理与背景墙的肌理漆图案融合，绘出当代写意水墨画卷。传统漆色经久不变色，用作背景材料，最合适不过，背景墙的金漆与福州脱胎漆器中所用漆料便是如出一辙。而墙面虽是原木材质，但在纹理上挑选有立体线条的样式，柱体、高柜与现代屏风都有精致的收口工艺，管窥中得见对地域文化的致敬。

以地域文化元素装饰空间氛围二：大型艺术造型装置

在忠于空间的完整度上，设计师在空间三层之间尽可能保证整体性，单层空间由现代线条和艺术装置铺面，而上下层则由自然光线贯通，无处不植入的大小艺术装置已然变活整体空间。它们不再被视为相互分离的客体，而是作为纯粹的构成，为创造一种适用、合理而又温暖的环境增色。

其中最亮眼的装置当属横空飞舞穿透中庭的大型艺术品，通过光线的流动和艺术装置本身的相互渗透活化空间，这不仅是因为块体的构造，更是因为其包含了环境元素，整个空间环境与艺术装置空间本身是融为一体、不可分裂的。其自身容量感无穷无尽，形成两层之间最佳的视线联结和对话空间。可以说，每个空间功能的划分和艺术装置，都是设计过程中的解构、分割与再重组。

三、提炼地域特色，打造城市名片

福州鲁能公馆是通过设计将地域文化一以贯之的最佳典范，一者作为售楼中心的空间，让人直观感受到生活的气氛；二者作为去商业化的一个艺术体验地，周末约朋友在这里喝个下午茶，空闲时与家人一起到影院看大片等，这些常态开放的艺术空间将慢慢渗透到人们的日常生活里。空间设计创作当是如此，以地域性为根，时代性为本，彼此之间相辅相成，在不同方面为室内设计的发展供给营养。

项目基于福州地域性特征这一大前提，结合现代生活方式以及周边环境深入，直观地去感受福州当地深厚文化的积淀，这使得设计师准确地把握设计方向，并塑造出更契合当地文化底蕴的福州鲁能公馆。

图 9　二层水吧台

图 10　二层咖啡区

图 11　VIP 室

东莞鲁能公馆

地点：广东省东莞市茶山镇

占地面积：0.75 万 m²

总建筑面积：14.34 万 m²

建筑设计：筑博设计股份有限公司

室内设计：上海曼图室内设计有限公司

景观设计：深圳市喜喜仕景观设计有限公司

设计时间：2016 年 12 月

建构日常生活的仪式感
——东莞鲁能公馆建筑设计

筑博设计股份有限公司　林景木

一、背景

本项目位于东莞茶山镇，用地面积 3 万 ㎡，容积率 4.0，属于典型的小地块大容量项目，项目周边以厂房、民房为主，且紧邻场地东南角的是一座加油站，周边无可借用景观资源。我们思考的重点在于，面对周边环境较差、容积率较高的限定条件，设计方案如何能够从刚需楼盘中脱颖而出，提高溢价，塑造出精致典雅、闹中取静的理想栖居。

图 1　总平面图

图 2　鸟瞰图

二、目的

尊重与定位无关。我们希望通过规划、单体、景观的综合设计，在日常生活的环境中营造空间的仪式感，使业主获得额外的尊重与满足，为业主创造尊贵体面的居住体验。

三、策略

1. 建筑围合

为屏蔽外界不利因素，打造内向的私家花园，规划上建筑主朝向基本为东南向。单体设计时临城市界面方向布置次卧、卫生间、厨房等次要房间，隔绝城市噪声对主要居住空间的干扰。主卧与客厅均朝向花园，户型主阳台面宽均超过6m，在保证生活需求的同时，还有较富裕的空间供户主享受静谧的园区景观。为避免高层建筑的围合带来的压抑感受，规划巧妙地进行高低搭配，板点结合。北侧为100m高板式高层，南向并直面花园景观，增加项目附加值，西侧布置75m高板式高层，减少对城市的压迫感。南侧为城市干道茶山北路，为展示住区形象并减少对城市主干道的压迫感，分散布置两栋100m高点式高层，东侧将视线打开，布置2层高商墅，真正做到高低错落，围而不合，在拓展业主视野空间的同时丰富了城市建筑天际线。

2. 特征场所

东西基本对称的建筑布局，形成园区内部南北方向主要的空间轴线。通过景观环境与活动场所的设置，打造园区主要的仪式感空间与独特的场所特质。场地正中10000m² 的超大景观花园，内中融合鲁能集团生态、健康、运动、娱乐的基因，布置绿色跑道、健身园区、儿童乐园、老人活动园区等各龄段活动区域，塑造儿童、长者等各种生活场景。

基地北侧200m 处有坑口村围屋聚落，距今已有900余年历史。其村三面围水，一面向阳。本项目在规划中特意置入二层围合商墅，通过尺度的对比降低高层住宅对业主的压迫感。商墅与园林相对，营造出传统居住空间的尺度与氛围。

3. 建筑单体

平面设计：项目容积率较高，楼型选择两梯四户与四梯八户相结合的方式。四梯八户楼型通过平面的巧妙组织，形成两个两梯四户型相拼合的模式，保证了小区所有户型的品质感，较两梯五户、两梯六户楼型的品质感有很大提升。

立面设计：东莞鲁能公馆立面设计采用简约新古典主义建筑风格，采用经典的三段式构图，注重比例关系以及竖向划分，强调对称的同时讲求细节的刻画。

基座强调近人尺度的细节刻画，精致的深色金属装饰性构件和厚重的石材相结合，营造出一

图3　3号楼效果图

图4　5号楼入户门头效果

种高贵、典雅的生活氛围。同时将公馆系列装饰元素融入其中，延续了鲁能追求精致的理念。

顶部强化体量关系，简化装饰性线脚，增强建筑整体的仪式感。城市视角下，建筑形象简洁大方。

标准段尊重南方的气候特征与生活习惯，在不影响立面比例的原则上使开窗面积最大化。因地方规范对阳台的规定以及市场对大面宽阳台的需求，立面设计中将阳台与主体结构相脱离，并使其独立成单独的体量，将其刻画成立面造型的重要组成部分。造型元素忠实地反映了功能需求并塑造出雍容华贵、时尚现代的立面形式。

材料上以耐用的石材与仿石漆为主，再结合精致典雅的金属构件，运用简单的手法和细节设计，打造出经久不衰的建筑立面形式。

4. 空间秩序

院—园—堂—室，为中国传统私家园林常用的空间组织体系，街道过滤城市喧嚣，前院展示奢华门面，庭园打造精致生活。大堂提升业主的尊贵感，户内贴心的设计细节展示鲁能集团浓郁的人文关怀。东莞有着浓厚的园林氛围，项目借鉴古典园林做法，打造东方礼序的空间序列。

前院：入口处通过一号楼、七号楼与入口大门围合，形成尺度适宜的前院，利用水体、照壁、雕塑、树阵等景观元素塑造入口广场的奢华气质，经过时让人们在时间的过程、空间的序列

中去除浮华，宁心静气地去体会生活的真谛，并感受彼此的尊重。

内庭：中间超大的景观花园，承载着家人之间、友邻之间的交流互动，见证着业主们精致的、温馨的、亲和的居住记忆，同时也是全体业主的公共会客厅。

登堂：在户型设计与结构配合时，设计师就考虑入户大堂的品质感，在首层营造前区—灰空间—挑空大堂的入户序列，通过材质与细节营造出如五星级酒店般的感观与体验。所有大堂两侧均有架空层，与室内配合打造泛会所空间，大堂与架空绿化之间采用高透玻璃，使绿色能够蔓延到室内。梯八户型首层两个电梯厅之间采用绿化

图 5　商墅效果图

图 6　7 号楼效果图

隔开，形成两个独立的入户大堂，使其入户感受与梯四户型完全相同，不会因标准层户数多而降低入户的品质感。地下室大堂规划在人防区外侧，大门采用钢结构防护密闭门，装修后期暗藏，人防区大堂与非人防区大堂采用相同装修标准，不再因人防影响入户品质感。

入室：东莞鲁能公馆项目通过玄关—厅室—阳台—中心花园的空间序列将室内外串联起来。玄关即户内外过渡的仪式性空间，厅室是一个家庭最重要的交往空间，再利用宽敞的阳台与室外的中心花园相结合，打造安逸、舒适、高贵的品质生活。

结语

建筑的仪式感，本不是必需的，而一旦获得，就会感受到额外的自我价值肯定和情感上的满足。仪式感，让人们在时间的程序、空间的布局中去除浮华，宁心静气地去体会生活的真谛，感受彼此的尊重。鲁能公馆产品为鲁能地产城市高端住宅系列，倡导优雅的生活方式。在本项目中，规划、建筑、室内、景观、细部等都致力于创造自然、健康、活力、舒适、优雅的居住体验，体现出一种社区文化，真正做到"以人为本"，创造出既有人情味又有个性的环境空间。

从细微处见真情

——东莞鲁能公馆展示中心室内设计的人性化思考

上海曼图室内设计有限公司　　张成斌

住宅是每个家庭生活的依托和心灵的栖所。本案着力于细节的人性化设计，通过敏锐地捕捉不同地域人们的生活习惯，赋予业主最人性化的现代住宅，希望创造出在长久使用过程中让人感动的住宅。

一、拎包入住生活方式应运而生

有一种伤，叫作"毛坯房"，有一种烦恼，叫作"装修困难症"，有一种魔咒，叫作"装修之后就后悔"，在环保经济和懒人经济驱动下，精装住宅、拎包入住的生活方式成为住宅类产品的大势所趋。东莞作为一小时莞深生活圈城市，精装生活顺应了当地人的诉求。

二、适合东莞茶山人的精装住宅

相传南北朝时期梁武帝在位时，有僧人在当地铁炉岭建雁塔寺并沿山种茶，故名茶山镇，在或饮或赠或种的常态茶文化影响下，东莞人有着充满中国传统韵味的"雅""奢"的生活方式，更加认可精致而低奢的简约空间。

本项目所在地块规矩方正（具体位置详见总平面图），室外空间特性延续至室内布局，整体

室内空间组织以紧凑秩序为基本脉络，暗含"方寸之间，自有天地"的人生哲学。

以样板户型 T4-A 户型为例，我们对所有户型的空间布局进行了梳理（平面布置如图1，

各空间面积指标详见表 1）。

每个人的各类生活行为都有对应的空间指标，才能保证生活质量。本案区区百平方米四室户型，可充分保障三口之家的品质生活，书房

图 1　T8 户型客厅效果图一

房间名称	套内面积
1 玄关 + 过道	12.2m²
2 客厅	14m²
3 餐厅	5.6m²
4 厨房	5.3m²
5 次卫	4.2m²
6 主卧	13m²（含飘窗）
7 衣帽间	3.9m²
8 主卫	3.7m²
9 卧室一	9.5m²
10 儿童房	9.4m²（含飘窗）
11 书房	9.4m²（含飘窗）
12 操作阳台	1.9m²
13 生活阳台	10.3m²
合计	102.3m²

表 1　面积说明

独立空间的设置更是满足了学习、生活、工作空间的需求。在家加班、休闲、玩电脑、孩子做作业、生二胎，这些是每个人都会遇到的生活常态，在此不用担心不同行为会相互影响，形成困扰。

有序使人安定，无序使人慌乱，设计是对人生活方式的规划，是对内心秩序的平衡。主卧附带独立衣帽间，储物空间充足，提高了主卧使用者的生活品味。所有的衣物首饰及其他贵重物品都能井然有序地布置在衣帽柜里；梳洗、着装、审视，所有的流程有条不紊；独立的玄关空间，可满足玄关收纳需求；南北通透的客餐厅设计满足了通风采光的最根本的需求；明厨明卫设计，合理规划空间，主卫干湿分离；操作阳台可满足

洗衣机、燃气壁挂炉等必需设备的摆放。茶山人一日三餐的生活方式也许和所有人都一样，但拥有在须臾间能品茶论道的独立空间的想法则是深入骨髓的，生活阳台则是作为卧室和客厅生活的补充，满足了柴米油盐之外诗和远方的生活。

三、细节之下的精装系统

精装细节处理方面，我们通过对所有物品使用空间的极限把握，对所有选择设施配套性的严格把控，力求在满足使用的前提下尽可能提高空间利用率。在一次次对空间尺寸的推敲和权衡中，打造出了能长久满足业主使用功能的住宅。

图 2　T4-A 户型平面图

图 3　T8-F 户型平面图

图 4　T8 户型客厅效果图二

图 5　T8 户型主卧效果图

在东莞鲁能茶山精装视觉体系定位过程中，我们否定了单纯的金钱堆砌和炫彩华丽的造型刺激，坚持"小事成就大事，细节成就完美"的原则，通过极致到骨子里的细节设计来满足每个人内在的不同精神追求。

（1）插座系统——小中见大的人性化关怀

在插座系统设计方面，我们做了如下细部处理。

为了让开关插座和空调地暖面板更统一，更有秩序，集成化，选用了香槟金色带 LED 的连体面板，让功能化的小物件也能具有高颜值和值得玩味的细节。

在床头插座高度的设计上，设置了双高度的插座，低位插座供台灯使用，插拔使用频率低，高位插座带 USB，满足人们夜间喜欢手机充电的习惯，考虑到以后配置软装的多种可能性，将

图 6　T8 户型次卧效果图

高位插座提升至 800mm 高度。

尽可能充分地考虑增加用电设备的可能性，卫生间预留了智能马桶盖插座。

为满足老人和小孩起夜和喝水，在行走路线上增加了嵌入式小夜灯。

（2）厨房优化系统——全面体贴的生活管家

除了厨房设备配置垃圾处理器、净水机、燃气壁挂炉、调味拉篮等基本设施之外，我们还做了如下尝试。

厨房的移门尽可能做大，哪怕端着餐具，拎着购物袋也要进出通畅，而且移门可以让厨房和餐厅的采光互相借用，扩大厨房的视觉感受。

还优化了部分传统厨房装修的细节，如水槽台下盆、水槽柜底板铝箔纸贴纸、厨房台面挡水沿等设计，规避了在传统条件下漏水、渗水等所造成的问题。

（3）卫生间优化系统——既要足够美观又要足够实用

卫生间优化方面，我们在层高相同、砖尺寸规格相同的情况下，通过改变加工砖的切割模数和排列方式，在不增加成本的情况下打造新的视觉体系。

此外，考虑到全家人对淋浴高度的需求，安装了淋浴器花洒调节杆，满足家人不同身高对花洒高度的需要。

在卫生间中安装了壁龛、集成暖风机等功能区域，整洁有序，不仅增加了卫生间的实用性，也增加了卫生间的美观性。

类似这样的细节考虑，我们总结了一百多项。小细节背后是至诚的关心。我们希望在点滴的总结与创新中，能把住宅精装系统日臻完善，创造出更多更有品质的生活环境。

图 7　T8 户型卫生间效果图

图 8　T8 户型厨房效果图

"茶室"在当代社区户外景观空间的情景化再现
——东莞鲁能公馆展示区景观设计

深圳喜喜仕景观设计有限公司　　罗显俊

俗话说"早晨开门七件事，柴米油盐酱醋茶"，茶摆在最后一位。由此可见"茶"在中国人生活的地位——意味着生活品质的提升、生活舒适的追求。茶文化既是中国传统文化，也是现代社区生活中的重要交流方式。本案通过挖掘东莞当地"茶文化"的空间意象，打造具有韵味的情景化户外"茶室"，将社区生活延伸到户外，创造出别具一格的户外生活馆，使生活不再拘于四墙之围中。

图1　总平面图

一、茶室文化的起源

举办茶会的房间称茶室，也称本席、茶席。茶席始于我国唐朝。大唐盛世，四方来朝，威仪天下，在这个历史背景下，由一群出世山林的诗僧与遁世山水间的雅士，开始了对中国茶文化的悟道与升华，从而形成了以茶礼、茶道、茶艺茶德为特色的中国独有的文化符号。至宋代，茶席不仅置于自然之中，宋人还把一些取型捉意于自然的艺术品设在茶席上，而插花、焚香、挂画与茶一起更被合称为"四艺"，常在各种茶席间出现。到了明代，茶艺行家冯可宾的《茶笺·茶宜》中，更是对品茶提出了十三宜：无事、佳客、幽坐、吟咏、挥翰、徜徉、睡起、宿醒、清供、精舍、会心、赏览、文童，其中所说的"清供""精舍"，指的就是茶席的摆置。

二、项目场地与"茶室"文化的渊源

项目位于东莞市茶山镇，该城镇的得名来源于一个有意思的史实：相传南北朝时期梁武帝在位时，有僧人在当地铁炉岭建雁塔寺并沿山种茶。僧人种茶大多用于寺内，或饮或赠，都已经

图2 主门楼效果图

逐渐成为一种茶山镇常态的生活场景。一杯茶，细品人生百味生；浸透着一种佛香，一股禅意。

基地布局方正规整，空间集中精小；右侧紧挨加油站，邻近环境正待开发；根据上述现场状况及场地建筑布局的内向性，我们设想场地景观空间应当是紧凑的、精巧的，如同饮茶之地——茶室，追求小中见大的气韵。而示范区作为项目向外界展示的未来生活缩影，我们大胆设想，是否可以植入"茶室"户外化、"茶室"景观化的概念，将场地与浓厚的地域生活情调结合一起，营造一个充满中国传统韵味的"雅""奢"的户外生活馆。

三、对"茶室"空间意象的户外情景化营造手法

古语有云："凉台静室，明窗曲几，僧寮道院，松风竹月，晏坐行吟，清潭把卷。"喝茶之境，须有对月山水的清逸，须有清风拂窗的雅致，方能于这清逸与雅致间，感受到茶之本初的韵味。

项目空间布局上设计了四道茶——对应四大空间，形成一个连续的、渐变的空间意蕴。希望居者在从城市外界逐渐走进社区内部的过程中，心绪慢慢从浮躁过渡到平静，从紧张过渡到随和。

（1）第一道茶——大气、庄重的入户空间；

（2）第二道茶——精细、优雅的过渡空间；

（3）第三道茶——祥和、清雅的休闲空间；

（4）第四道茶——融合、舒适的相聚空间。

第一道茶的空间营造：作为示范区第一形象面，空间上采用了"收"的设计手法，打造了两侧细节丰富的景墙，结合"高山流水"的跌水水景相夹，正对造型大气的门楼，通过门楼的门洞直观精致的山水景墙，形成流畅自然的视觉观感及空间引导。片墙结合富有层次感的叠水，打造"高山流线"的情景化空间。

图3 山水景墙

第二道茶的空间营造：简约精致的曲廊连通入口转换空间及售楼处，周围布置无边际的水景。从售楼处玻璃幕墙望出去是以茶室为中心的户外洽谈休闲空间，茶室延续入口及连廊的设计语言及材料运用，整体和谐统一；茶室内部搭配中式几案、造型优雅的沙发、盆栽、茶具等软装摆件，体现出纯净、精致的"饮茶"氛围。

第三道茶的空间营造：参观完实体样板房后经过第一个户外洽谈空间，正对商墅入户道路，通过运用木平台、机制石、置石、铜艺山造型的屏风等景观元素共同营造平和、细腻、让人流连忘返的场所。

第四道茶的空间营造：第四道茶即交付区景观空间，我们通过干净的大草坪、廊架、休憩平台、健身设施的布局，为业主营造一个可动可静的生活场所。

四、对现代工艺的传统意象营造

（1）浑厚、稳重的建筑单体——深棕色镀铜工艺结合镂空雕花

主入口门楼、曲廊及茶室门楼均采用钢结构形成构架，同时打造层次丰富的挑檐、浑厚的压顶，使其成为园区里独树一帜的气势感强烈、具有建筑美的园林单体，细腻的铜艺镂空工艺打造的镂空雕花结合通透的玻璃材质更是为单体增添了一股精细的韵味，使整体显得更耐看，更值得推敲。

（2）厅堂挂画的室外化——夹绢玻璃

茶室廊架为了再现古代迎客厅堂的情景空间，采用夹绢玻璃工艺将室内屏风、挂画元素

图4　茶室户外洽谈空间

"移植"到了室外，巧妙地以适宜的材料与手法，打造"室外空间室内化"的效果。

（3）山水意境的画卷——仿铜色镀铜格栅

设计之初就将商墅前庭院规划为一个较为独立、私密的空间，咫尺天地间却有大意境：以天为盖，以地为席，手捧一杯茶，坐观山水。这样的一个设想通过借鉴"枯山水"的设计手法得以展现。仿铜色镀铜工艺为格栅景墙营造了一种细腻、洁净的质感，通过精心设计的格栅组合方式，呈现出山形的片墙感，形成一种远山成片的视觉效果，再结合白色沙砾、置石、机制石，共同实现了山水画卷意境。

结语

现代社区作为一处生活的场所，是"小家"延伸出来的"大家"。"茶室"户外化的概念，既将传统茶文化的韵味带入了景观空间中，也将室内生活户外化，倡导住户更多地走出家门，营造友好宜人的社区交流圈，丰富社区生活。本案通过深入研究茶室的要素意境——精致的厅堂、艺术化的挂画、精美的镂空雕花、意蕴深长的屏风、精细的软装家具，运用景观的设计手法、现代材料、现代工艺，成功地呈现出富含"茶室"韵味的户外生活空间。

重庆鲁能星城外滩一期

项目地点：重庆两江新区

用地面积：6.97 万 m²

总建筑面积：36.39 万 m²

建筑设计：中国建筑技术有限公司重庆分公司

室内设计：上海曼图室内设计有限公司

景观设计：深圳市喜喜仕景观设计有限公司

设计时间：2017 年 6 月

城市滨江高品质社区的打造
——重庆鲁能星城外滩一期规划设计

中国建筑技术有限公司重庆分公司　　郑奕　谭康

瞰江赏景雅居，尽享曼妙生活——项目背景简介

江，为城市注入了水韵与灵气，自古以来，择水而居就象征着一种尊贵的生活方式。鲁能星城外滩位于两江新区，江北嘴辐射带，中国唯一"水港＋空港"的双核内陆保税港，未来寸滩商务区。左临海尔路连接空港及江北嘴CBD，右临北滨路享受滨江资源，区域内三座大桥（朝天门大桥，大佛寺大桥，寸滩大桥）贯通南北，连接解放碑CBD及弹子石CBD。在城市向北发展的过程中，该项目势必成为一颗即将绽放的明珠。

揽主城风华，享城央尊贵——整体规划

随着城市的发展，"拥挤、嘈杂、空气污染、钢筋水泥森林"这些现代都市问题已经越来越不可忽视。近年来，随着生活水平的提高，"健康、绿色、生态"慢慢成为都市人关注的热点和追求的目标。

身居星城外滩，清晨，朝阳缓缓升起，江风习习，空气清新，极目远眺，光芒映照着涟漪，流光溢彩，唤醒一整天的好心情；日落西下，斜阳伴着晚霞，日光消失在醉美江岸，俯首间，千帆过尽，风景无边；当夜幕降临，万物沉寂之时，站在自家客厅、卧室，便能俯瞰整个江上美景，璀璨的万家灯火美不胜收。临江而居，惬意生活无限畅享，或步行，或骑行，或跑步，可在这里观景、赏花、听江风拂过耳边，体会精细雅致的滨江生活，感受舒适优美的江畔风光。

在3.8的高容积率要求下，为了提升项目整体价值，最大化利用江景资源，秉承"前可观

图1　总平面图

图 2　鸟瞰图

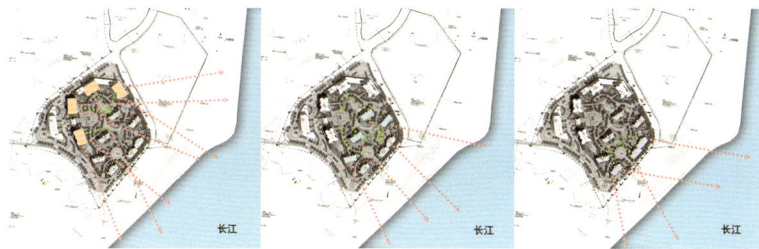

图 3　看江视线分析

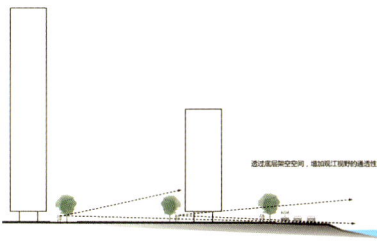

图 4　视线分析

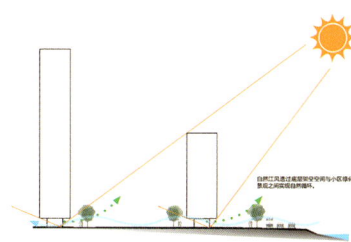

图 5　环境分析

江，后可观中庭"的设计理念，本案将江景资源优势发挥到最大。双大中庭空间，让人置身其中仿佛远离了城市的喧嚣与嘈杂，有种置身自然的心旷神怡。

前低后高，自成山势，全方位观江景观——总图排列形式

总图布局实现横向视线交错。鉴于项目用地相对平整，最大高差只有 15m。在地形条件相对制约的情况下，只能从建筑布局及本身的高低配来让每栋建筑都能拥有属于自己的观江视野。头排建筑高度控制在 54m 以下，二排建筑高度控制在 100m 以下，后排建筑高度 140m，保证了观江视线，同时丰富了滨江路上的城市天际线。且每栋建筑都采用交错布置的方式，确保每栋楼的观江视角至少有 30 度。由于人的视线具有延展性及可移动性，基本上满足了 90% 的户型都具有观江视线。

竖向空间上利用底层架空实现视线穿透。在现代主义建筑运动发起之始，底层架空设计就被认为是现代建筑的特征之一。勒·柯布西耶和皮埃尔·让纳雷在 1926 年提出"新建筑五点"，底层架空空间就是其中之一。柯布西耶认为底层架空能留出充足的绿地和活动空间，让人们充分享有光和空气。

利用景观节点形成视线焦点。鉴于总图的排列形式，有五个穿插在超高层与小高层之间的不同组团花园景观，且透过中间两栋高层底部的架空空间，它们共同连接形成一个 15000m² 的超大中庭空间。花园绿地与水系景

观在小区内部形成一个独立的生态系统，营造出更加健康的微生态环境，让人从进入小区的那一刻起，就仿佛置身于另外一个小自然，可以享受相对独立、健康的绿色微环境。

资源在当下，享受伴终身——健康可持续的环境

人们在不断追求高品质生活的时候，对于景观资源的需求不仅体现在当下，还需要长久健康可持续的景观资源。为了实现这一目的，对于项目的设计也提出了更高的要求，不仅要针对各类资源的利用提出更科学的办法，还要兼顾"环保，绿色，可持续"这一理念来全方位打造本项目。

本项目综合利用了生活污水及雨水的处理技术，使用太阳能集热技术和园林绿化中海绵城市技术策略，做到整个项目的可持续性，形成绿色生态的社区环境。

立于巨人之肩，寻求突破与创新——产品特点

定位本案的产品之初，基于以下几个方面进行分析。

一是区域楼市特点：重庆房地产市场的大环境现已逐渐向改善型需求转型。且区域内品质楼盘较多，如万科御澜道、保利观澜、梵悦天御、紫御江山、寰宇天下等。

二是土地市场分析：江北片区土地供应量所剩无几，2016 年底开始楼面价格稳步度上升。

三是客群辐射范围：项目周边 5km 范围内现有人口约 74 万人，周边紧邻汽博、鸳鸯、江北嘴板块现状人口 40 万，此部分人群以中高端居住人群为主，为本项目未来亟须大力吸附的客群。

四是滨江高层产品分析：滨江高层面积段以 90m² 改善型为主，江景资源并无绝对优势，更讲究全面完善的资源配套。

我们认为从城市发展、区位属性和市场需求来说，寸滩蕴含的价值、完全可以作为重庆鲁能在城市开发战略中高端产品的载体，打造高品质城市精英社区，引领区域高品质住宅的标杆。

T2 跃层户型创新设计——在传统大横厅的基础上采用高厅设计。

T2 横厅跃层户型设计有如下特点：

（1）独立电梯厅入户，提升尊贵感。同时赠送电梯厅空间，增加产品卖点。

（2）10.1m 超大景观横厅 + 高厅设计，在大平层的基础上享受别墅的尺度感，在同类型产品中极大提高了竞争力。

（3）中岛式西厨，充分考虑到此类客户的需求，增添生活情趣。

（4）豪华双主卧套，满足生活各种所需。

（5）套内面积 160m²，总价较市面上现有大平层产品要低，且在相同功能房间的基础上，客厅及餐厅尺度更大更豪华。

古典与现代，碰撞与融合——立面风格

立足于古典传统的历史痕迹与浑厚文化底蕴，加以现代主义艺术的形式自由与时尚简洁，

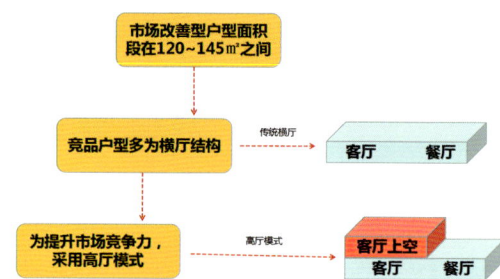

图 6　户型推导过程

图 7　户型展示

图 8　超高层透视图

创新建筑之新形式——新外滩风格。

保留传统古典建筑的形体，以石雕花纹图案增加尊贵感，摒弃过于繁复的肌理，简化线条，用现代建筑形式适当装饰传统古典之美学。

展望未来，成就生活——总结

鲁能星城外滩现在面世，可谓占据了"天时，地利，人和"。

天时——现在的市场已经不是 20 年前买房仅为满足居住的时代，大家对生活的舒适度提出了更高的要求，除了户型、面积，更关注影响居住舒适度的装修、建筑设计、园林景观、物业服务，甚至智能家居等已成为大家更多考量的问题。产品为王的时代已经来临！

地利——星城外滩是集鲁能在重庆 20 年开发经验，以及遍布全国的高端产品打造实践，于江北嘴江边打造的一座滨江国际生活城。在这里，你可以依窗远眺江水，也可以林间漫步寻花。朋友相约时，江北嘴、解放碑、弹子石三大 CBD 随意选择，都在 15 分钟车程内。

人和——鲁能多年深耕重庆市场，积累了一批忠实的客户，其中很多有改善需求。并且鲁能的声誉正在吸引更多新客户成为业主。他们对如此优越的区位和景观早已心有所属。

为了成就这些优越条件，鲁能将全力打造重庆滨江住宅的新标杆。

图 9　立面细节展示

图 10　小区入口透视图

重庆鲁能泰山 7 号三期

项目地点：重庆中央公园片区

用地面积：7.73 万 m²

总建筑面积：33.22 万 m²

建筑设计：中机中联工程有限公司 创作研发中心

室内设计：黄志达设计顾问（深圳）有限公司

景观设计：重庆蓝调城市景观规划设计有限公司

设计时间：2017 年 4 月

运动社区和邻里中心的构建
——重庆鲁能泰山 7 号三期建筑设计

中机中联工程有限公司 创作研发中心　　杨劲松　谢桦　肖成　叶莎　陈秋宇

城市级中心，稀缺自然资源——简介

本案坐落于重庆市渝北区中央公园片区，该片区是城市向北发展的城市级中心。其紧邻国内最大的开放式城市中心公园——2300 亩中央公园，以及 740 亩体育公园。项目一期二期已在建，三期用地周边环绕公园西路、西秋路、兰桂大道等城市主干道，紧邻轻轨站，交通便利，景观资源优越，市政设施配套齐全。三期作为泰山七号项目收官之作，如何利用优越的区位条件，打造辐射整个项目的运动社区和邻里中心，成为规划设计的重中之重。

中央公园高端城市精英运动社区——整体规划

在快节奏的城市生活之下，多少人疲于应付枯燥、单调的生活，忘却了运动的乐趣、汗水的意义，运动社区的理念诱惑着每个年轻跃动的细胞。鲁能集团致力于将泰山七号项目打造成高品质运动社区，将运动主题融入项目的打造，为业主提供更为健康的生活方式。通过创造多元复合、大众共享的核心空间，建立城市地标

及识别性，打造各具活力风情的运动社区。泰山 7 号三期作为项目收官之作，延续泰山七号总体规划定位，围绕"体育公园""体育主题商业街""POST 运动营"三大核心运动业态，打造从运动到运动后的一站式休闲目的地，并整合城市规划的空间资源，整合体育公园和中央公园两大公园的景观资源，最优化住宅配置，打造一个充满活力的都市高尚运动社区。

项目凭借紧邻中央公园和体育公园的地段优势，沿南侧西秋路增加退距，布置运动场地，串联两大公园，形成体育主题商业轴；延续一期二期综合打造的城市休闲绿轴，在两轴交汇处，结合极限运动公园，在泰山 7 号整个居住小区的中心打造充满活力的社区运动引擎及社区邻里中心，辐射整个泰山 7 号项目。通过运动让社区居民一起分享时光，建立友谊，使运动作为一种精

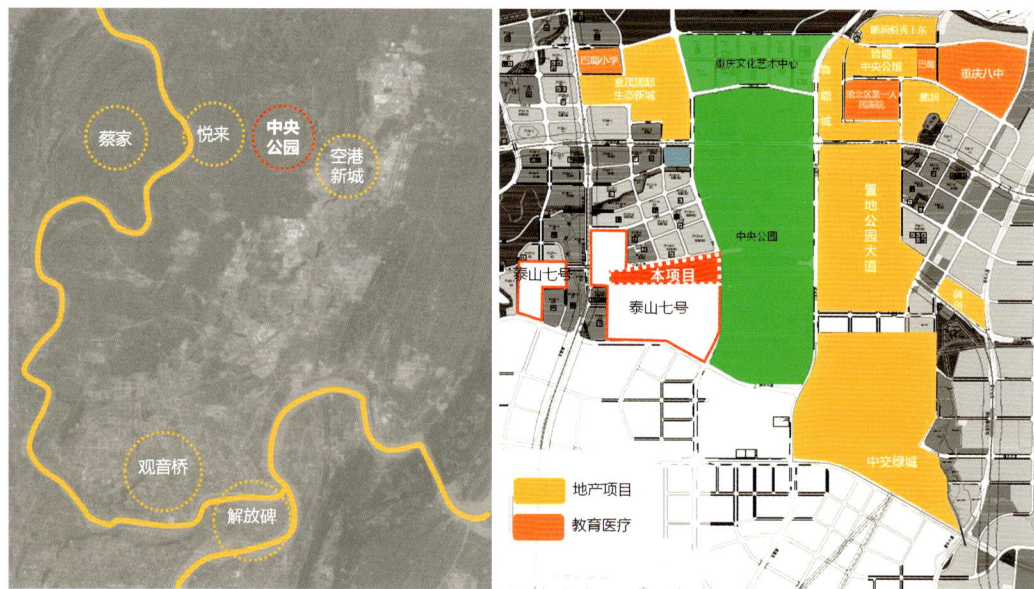

图 1　区位图

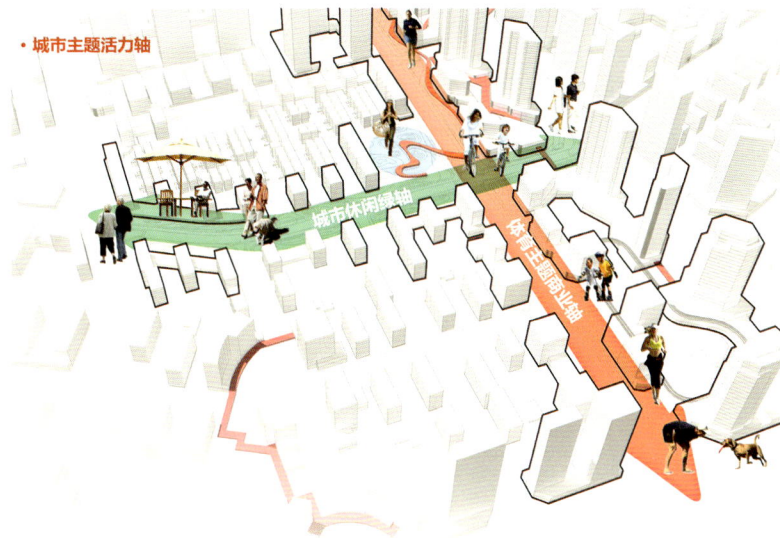

图2　规划结构分析图

神融入社区文化中。

　　针对项目地块不同的属性，结合景观资源优势，根据市场研究，配置不同的住宅产品。临中央公园地块布置六栋大户型平层住宅，形成公园景观与中庭景观交相辉映的格局，树立公园大平层住宅新典范。中间两个地块依托其核心位置，结合鲁能泰山体育乐园及南侧的鲁能泰山极限运动公园，利用南向开阔视野布局轻奢高层。西侧地块紧临鲁能生活馆及四期商业，坐拥便捷的生活配套，设置小资高层。按照大地块形成大中庭，小地块建筑错位布置原则，使各个楼栋均有最佳景观朝向。通过不同地块的级差产品配置，将不同层级、不同年龄段的人放在一个大社区内，实现全龄段混合社区，给社区发展以活力，打破阶层隔离。

社区运动引擎＋邻里中心——公共空间

　　考量泰山七号一、二、三期住宅项目的空间布局，在核心的位置布局社区运动和邻里中心，辐射整个泰山7号的住户，实现运动和商业功能的全覆盖。社区运动引擎＋邻里中心满足了都市人对运动的渴望，在家门口就可以在篮球场、羽毛球场、尽情挥洒汗水；在音乐跑道上慢跑，心随音乐欢快地律动；跑步累了，随意找个地方休憩看剧，WiFi覆盖全程不掉线，惬意十足！

　　社区运动引擎通过平层运动场地，建筑内运动场馆、攀岩墙，架空层设置空中跑道及运动设施等形成立体三级运动系统。邻里中心通过完善的社区配套商业，创造一种将运动休闲、文化艺术、时尚创意有机融合的社

区生活集群空间，与业主共建共享的社区服务平台，辐射整个泰山七号项目，成为持续激发社区活力的社区起搏器，为多样化的社区生活提供一种更具当代性的社会容器。

　　在建筑功能方面，一层室外场地利用地形高差设置休息看台，并在广场空间设置小型篮球场，同时也可以开展迷你音乐会、商业秀场等活动，为零售商业增添人气，形成一个商业与运动相结合的互动场所。

　　二层设置运动主力店，三层用来集中设置社区配套用房，辐射整个项目，实现社区中心的功能定位，成为社区形象的窗口。

　　四层通过架空提供屋面空间作为体育活动场地，空中环形跑道采用特殊自发光材料，白天吸收太阳能，夜晚自发光，既浪漫又环保。布置运动健身、儿童活动等设施，同时设置咖啡、茶室、书店等休闲业态，打造社区共享花园。在建筑西南角和东北角各设置一个室外楼梯可直达四层共享屋顶花园，每一个社区居民均可全时段方便地享用运动设施。

　　五层至十层作为青年公寓，通过层层退台为居民提供共享露台，为邻里交往提供舒适的场所。在立面造型上呼应运动主题，采用颇具韵律感的横向折线及"L"形构件。

图3　总平面图

143

图 4　鸟瞰图

图 5　社区中心鸟瞰图

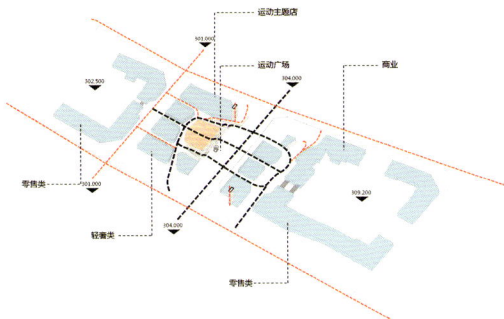

图 6 社区中心 1F 分析图

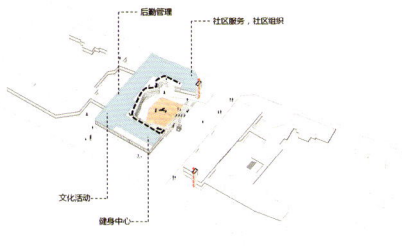

图 8 社区中心 3F 分析图

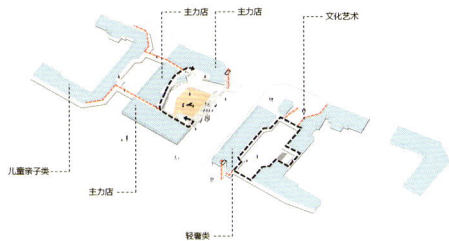

图 7 社区中心 2F 分析图

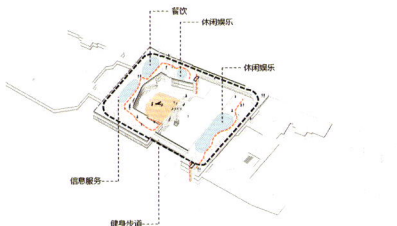

图 9 社区中心 4F 分析图

社区运动引擎 + 邻里中心为居民提供了一种"自然、健康、运动"的生活方式，同时，这里也是一个邻里之间沟通、交流的桥梁，从而让社区的居住氛围更为温馨和睦。

结语

社区，从来不是仅有安身入户的建筑，更是一种高尚生活品质和人文情怀的精神寄托；运动，从来不仅是发生于遥远场馆里的奢侈，更应是近在咫尺的挥洒自如。本案期望通过运动社区和邻里中心的构建，在高尚社区之内，营造运动主题精神；以全龄化运动社区情怀，环抱每个年轻跃动的细胞；予居者须臾间品味生活于此的尊贵与健康。

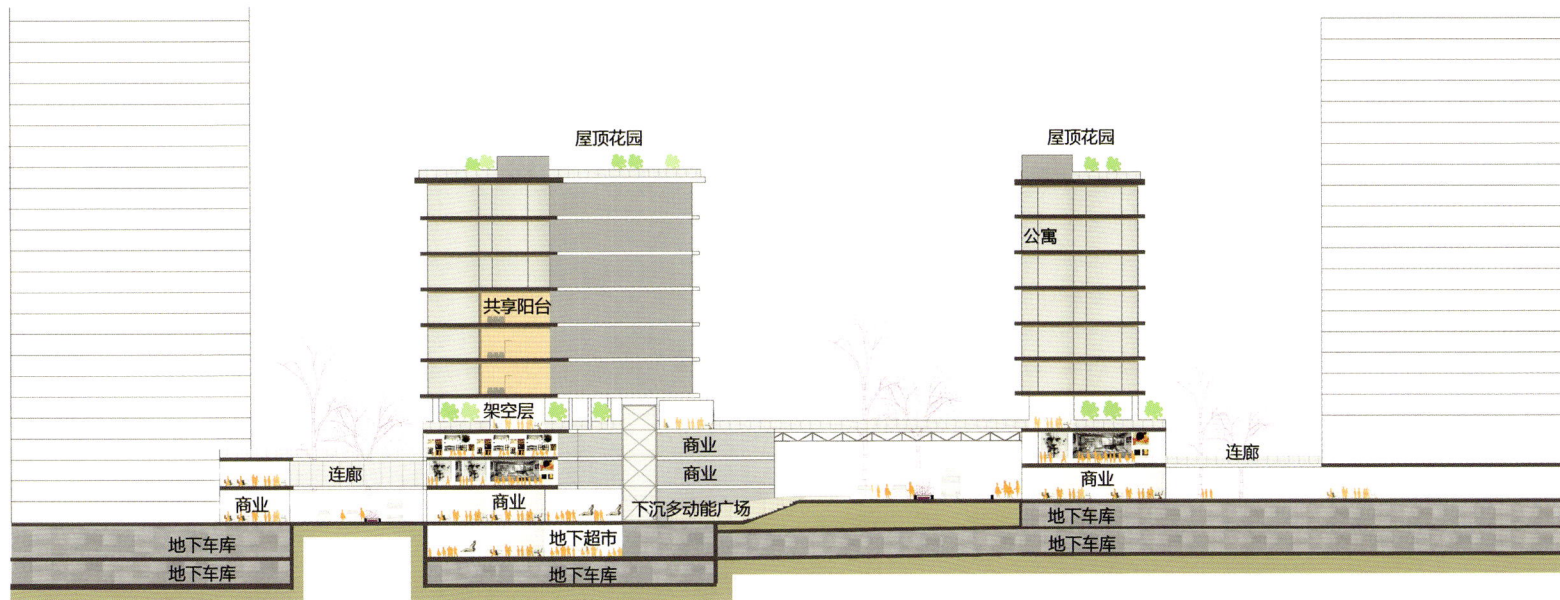

图 10 社区中心剖面图

图 11　社区中心一

图 12　社区中心二

图 13　社区中心沿街效果图

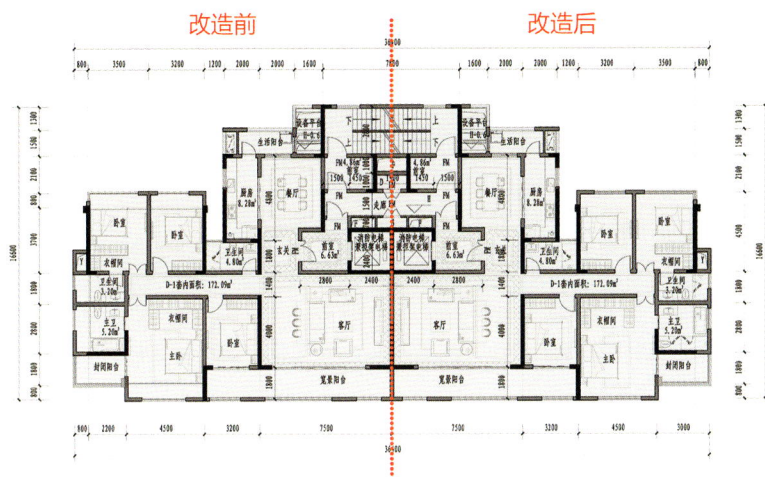

改造前　　　　　　改造后

图 14　户型平面图

图 15　立面效果图

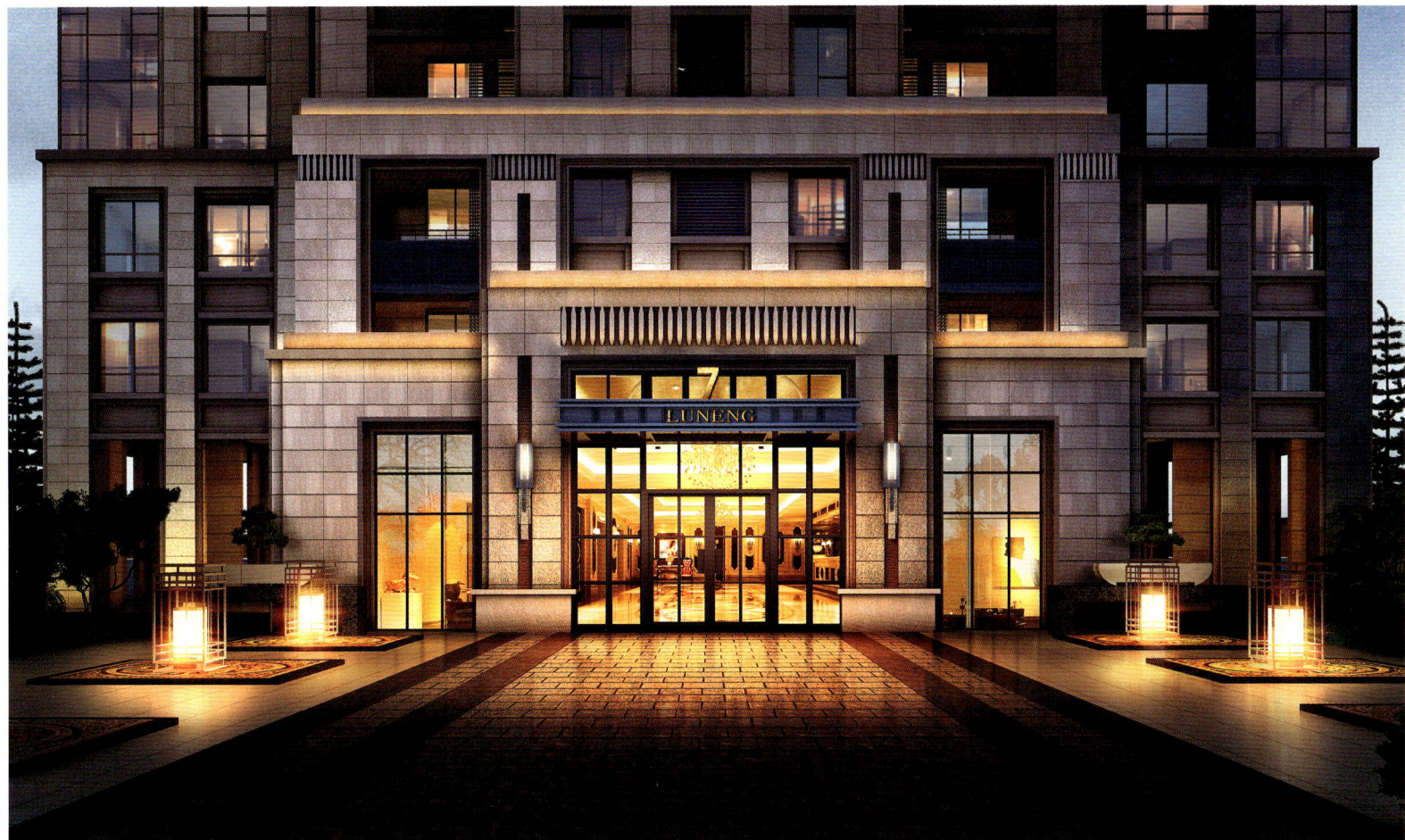

图 16　单元入口效果图

"垂直森林"与"城市会客厅"的和谐共生
——重庆鲁能泰山 7 号展示中心建筑设计

中机中联工程有限公司 创作研发中心　　　杨劲松　邹洪骏　郭源媛　陈伟　罗飞

公园核心，区域地标 ——简介

重庆鲁能泰山 7 号展示中心项目由重庆鲁能开发（集团）有限公司开发，项目占地 7350m²，总建筑面积 3 万 m² 左右。位于重庆市渝北区中央公园片区的核心位置，项目前期作为泰山 7 号的展示体验中心，也是迄今为止鲁能在重庆最大的销售体验中心，后期将作为该区域的社区中心。

项目位置处于连接东侧中央公园和西侧体育公园的节点上，周围有学校、轻轨站、住宅小区等，前期定位项目应实现对生态环境、城市空间的积极正面的影响。项目采用全新的设计理念，将被打造为中央公园片区的标志性建筑。

多层次体验，绿色可持续性——设计理念

摩天大楼是现代化大都市的标志。我们置身其中被钢筋水泥所包围，这些所谓城市现代化标志性的材料，虽然带来了城市化进程的加快发展，但也造成了环境的污染和城市公共开放空间的锐减。现代化的大都市已然把我们与自然隔离了起来。

随着时代的发展，建筑不仅要满足人或家庭的生活需要，还要满足整个社会的各种需求。城市与个体建筑的相互渗透是现代建筑与城市发展的趋势。

本案期望用现代技术实现人与自然、人与社会和谐相处的愿景，将"垂直森林"和"城市会客厅"的设计理念贯穿至整个项目之中。

以"垂直森林"和"城市会客厅"两大设计理念作为设计起点，在裙楼部分将城市空间和绿化引入建筑之中，为市民提供介于室内和室外的开敞空间。在建筑塔楼部分将传统庭院绿化重新演绎，90 度的翻折形成一个垂直的庭院体系，在不侵占城市土地的前提下，在三维空间层面增加城市绿化率，使建筑整体呈现出一种贴近自然的状态。

"垂直森林"，自然共生——人与自然的和谐共生

"垂直森林"是对创新建筑的鼓励和宣言，它邀请人们憧憬建筑与人类的和谐未来。它使树木和人类得以在城市中共生。它将超越传统的地标身份，成为城市中调节环境的重要装置，并启发人类去解决高密度城市发展和生物多样性的矛盾。

"垂直森林"是城市内垂直致密化造林的一种新模式，旨在脱离城市本身的喧嚣，在现代都市中创造一个强大的生物多样性的系统。其设计的基本概念是在城市中心区的垂直楼层中增加绿意。

图 1　区位分析

图2 鸟瞰图

建筑立面通过架空、中庭、连廊、垂直绿化等元素，结合现代建筑的玻璃幕墙，形成具有现代建筑气质的建筑性格，在体现出建筑的时代感和独特的建筑个性的同时也对周边的建筑风貌起到了很强的提升效果。

在塔楼的阳台外围设置花池和树池，其产生的微观环境将为住户提供氧气的同时吸收多余的二氧化碳，并有效地隔绝了城市噪声，从而减少了整栋建筑空调的消耗，多种植物取代了建筑外墙成为新的建筑外墙，有效地减少了建筑内外的热量流动，使建筑冬暖夏凉。同时从远处城市街道望去，郁郁葱葱，苍翠欲滴的树木使人恍惚间不知是树在楼中还是楼在树中，当进入建筑内部时，青草依依、树影婆娑让人分不清是在城中还是原野。

城市会客厅，悬浮的交往空间——
城市与建筑相互渗透

"城市会客厅"为城市提供了"穿越"的可能，打破了原有的封闭秩序，提供了事件产生的机会，主动回应了城市的不确定性和无规律性。穿越的城市广场，联系了不同标高的路面和不同性质的城市片区。偶然性与必然性在此被充分放大和叠加，交流亦变得自然而然。

项目本身在概念上是连接东侧中央公园和西侧体育公园的纽带。不同于周边大部分建筑的物体化和垂直化表达，项目以一种更加水平的姿态融入基地。建筑裙楼内部的架空层是一个全时间开放的城市广场，将城市引入到建筑内，上下层之间的缝隙提供了一个独特的欣赏体育公园和城市街景的景框。

项目基地东侧为中央公园的人流来向，西侧面向体育公园，东西侧高差约为5米，在东北角和西侧沿街面设置了多个标高的商业出入口，形成多首层的概念。同时，在地块东侧退出14m宽的约1000m²的广场。住宅入口设置在东侧城市开敞空间中。整个裙楼建筑外围比较方正，内部形成约900m²的中庭，内部形成回字形商业街，使建筑内部实现上下空间的交互。通过建筑内部中庭走廊连接东西两侧的主要出入口，人可以在建筑中自由穿行。商业裙楼有3部疏散楼梯，中庭东侧设置2部观光电梯，中庭西侧的自动扶梯均至每层商业。

建筑二层设计为起伏的屋顶，将屋顶与上层之间形成架空层，在架空层部分种植绿色植物，

图 3　东北侧主入口透视图

图 4　西侧主入口透视图

起伏的台阶形成环状包围在建筑的外围，人可以通过环状的台阶漫步于建筑与城市空间之间，让身处其中的人也可以享受置身公园里的宁静。同时也呼应了山城重庆的主题，并且架空层中形成 4 个 Block 商业体量，让空间更加丰富。第 4 层的玻璃体盒子覆盖在挑空部分的上空，基于重庆建筑茂盛生长的记忆，以一种抵抗地心引力的姿态"悬浮"在空中。

东西两侧临城市道路的部分设置开敞空间和架空层中的灰空间，将城市空间扩展至建筑内部，街道上的人可以不受建筑入口的限制进入这些空间，在不同标高欣赏城市风景，同时这些空间也成为城市的风景。

项目位于东西向的兰桂大道和南北向的秋成大道的交叉口，西临体育公园，主要的人流在项目的东北侧和西侧，主要展示面是建筑的西北侧，以东西方向排布的塔楼面向两条主要的城市干道开敞。本案丰富了高层建筑的天际线，体现了建筑起伏变化之美。对于建筑而言，西侧规划有公园，项目的主要景观面在西侧的景观视线分析侧。建筑可以享有更多的景观资源。

自然，城市，人之间关系的修复——结语

大都市的扩张是人口和经济持续推动的必然结果，扩张削弱了周边生态环境和公共城市空间。人们面临一个两难的选择，是生活在生活质量较低的高密度城市中心，还是通勤时间更长的生态化郊区。然而，位于城市中心的"垂直森林"和"城市会客厅"解决了这个矛盾，在提供自然的同时，又保持了城市高密度的集聚力。本案期望通过设计、建造及后期的使用对自然、城市、人三者之间的关系做出正面积极的回应，对三者之间的裂痕进行缝合修复，对历史与未来尽到自己的责任。

图 5 商业中庭透视图

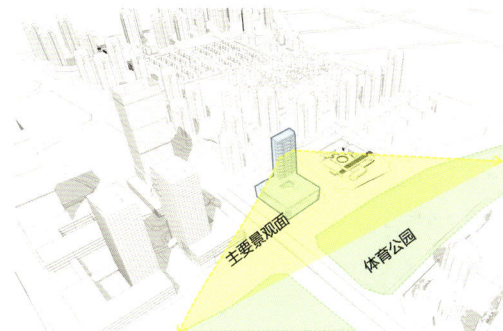

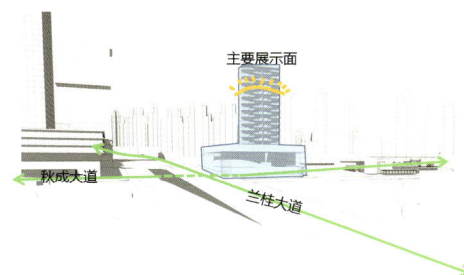

图 7 景观视线分析

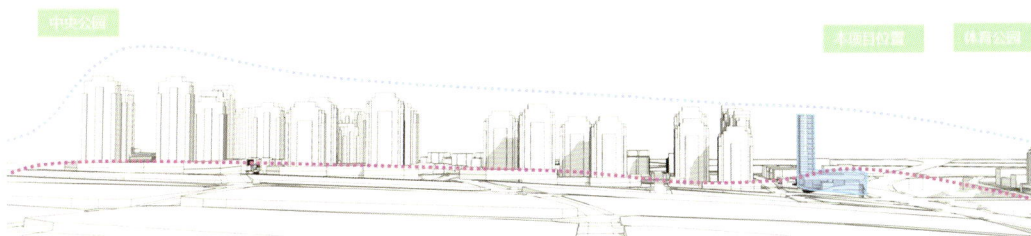

A沿兰桂大道天际线

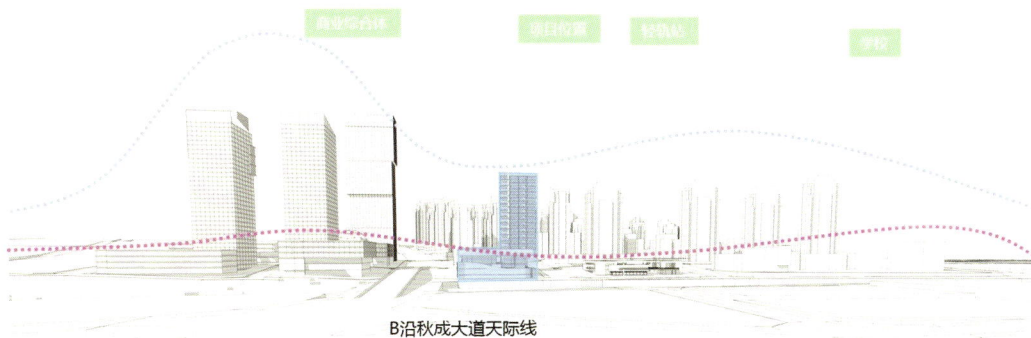

B沿秋成大道天际线

图 6 天际线分析

图 8 临街效果图

全龄段运动体验中心
——重庆鲁能泰山 7 号展示中心室内设计

黄志达设计顾问（深圳）有限公司

本案依据鲁能集团品牌特色，突破传统的社区生活方式，以"生态、健康、运动、娱乐、科技"五大维度的未来社区为设计主题，打造"泰山 7 号"系列作品。运用"声、光、电"技术结合室内设计，突破传统的营销中心模式，整体打造一个以"互动体验、健康发展、时尚科技"为目标的全龄段"体育⁺"乐园，建立起品牌价值与设计价值的多重叠加效应。

一、传统营销中心与生活方式的蜕变

鲁能集团专注于跨界资源的整合和价值链条的集成，正在快步开启创新型产业的地产时代。我们依据鲁能集团所倡导的国际休闲生活方式，聚焦"生态、健康、运动、娱乐、科技"等产品设计的维度，倡导全民健身，让体育融入社区，走进民众，打造多元体育产品，全方位绽放人的活力，由此诞生了我们的作品——重庆"鲁能泰山 7 号"。

项目建筑的外立面造型现代简约气派，多变的设计思维和外形带来视觉冲击，强调地标性、艺术范、未来感。室内设计在延续建筑整体格调的同时，突破传统营销空间的单一展示作用，做

出独特的、蜕变式的革新，采用创新的展示方式和功能布局，强调全新的生活体验。

（1）功能与布局的蜕变：项目整体强调弱化单一营销功能，将运动主题的商业体验功能版块在空间里有机穿插，并通过设计造型、材质与软装配色的巧妙处理，为客群带来可感知的充满活力的置业体验。

（2）空间动线的蜕变：原方案设计形成一个闭合的环线，让访客自然止步于洽谈区，或者顺势走向样板间方向。实践过程中将流线转换为一个环岛式体验空间，主要体现在二层休闲娱乐区域。其中，洽谈区设计为长方形空间，便于后期作为多功能活动场地。

（3）设计主题的蜕变：从"文人体育"到"时光之轮"，泰山 7 号在济南的国内首个"体育⁺"居住小区主要体现文化气息，而在本案中

图 1 接待区

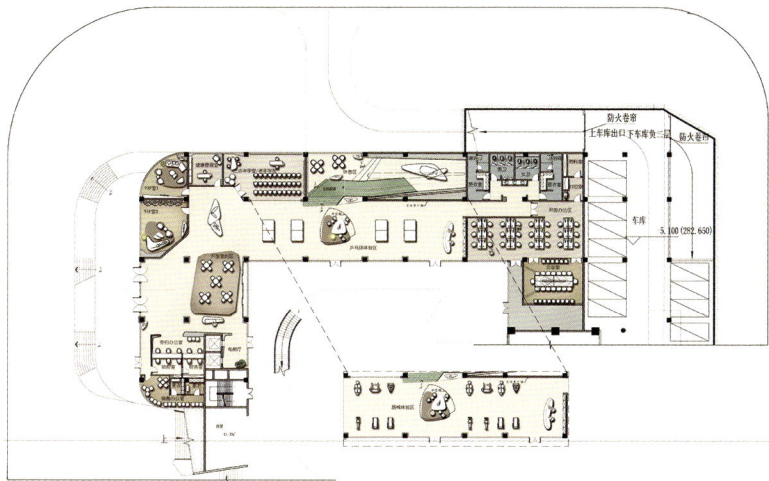

图2 负一层平面图

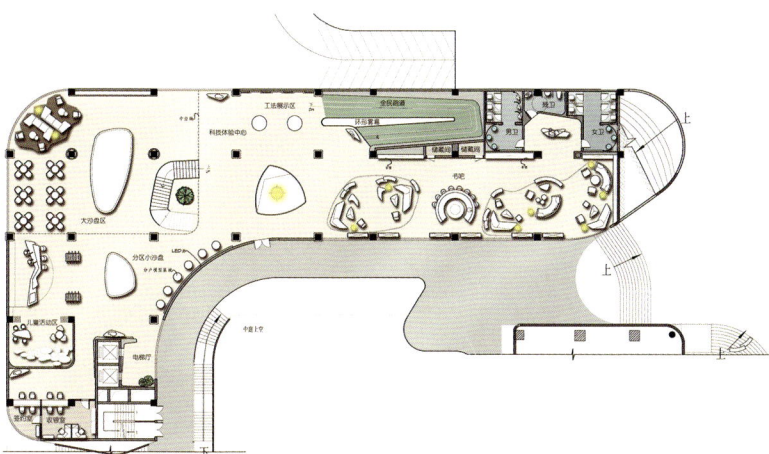

图3 一层平面图

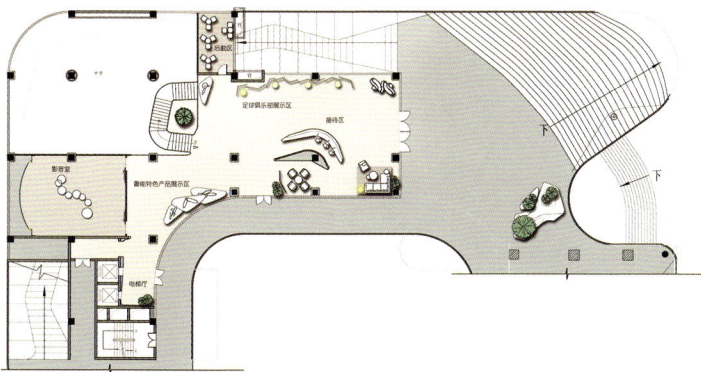

图4 二层平面图

则注重体现重庆的山城诗意，将山城的形态与体育＋乐园的概念融合在一起，用运动理念诠释全新的生活态度。

（4）设计元素的蜕变：整体建筑外观由大型"7"字符标识为砥柱，宏大的建筑体量与空间动感氛围，对"体育＋"的理念做出充分糅合，现代的设计手法与设计元素，表达出有形与无形间贯通运动的精神要义。

二、创新空间改变传统生活方式

整体空间布局采用灵动的形式来突显项目的运动特色，利用流线型的手法处理空间，每一处元素的运用都充分植入体育运动元素。大厅使用了弧线和曲面相互结合，同时设置大型运动形式的艺术装置，光影流动，映照出山城起伏的缩影和泰山7号的动感。室内四大特色空间给人留下四大印象。

1. 印象空间之一：运动型跑道楼梯

从一层通往二层的楼梯，我们不再采用传统的楼梯或电梯作为载体，而以具有运动感的迷你跑道作为最独特的设计创新点，以跑步的代入感将人带入运动中，强调运动在本项目中会成为人们生活当中的常态。空间在运动型斜坡跑道的衔接下，模糊了一、二层的界限，老少皆宜，正是为全龄段客群考虑的一个重要设计点。

2. 印象空间之二：7号时尚酒吧

除去主体空间"7"的符号运用，迷你时尚酒吧更需这一明星符号的

图5 沙盘区

153

图6 书吧（洽谈区）

图7 全民跑道

植入，7的叠加态表现了立体动感，这里是以设计手法来加深鲁能泰山7号的品牌印象，并以时尚、自由、动感的形象植入客群印象。

3. 印象空间之三：山城生态书吧

加入书吧的空间布局，是为了弱化整个展示中心的商业气息，让人们在这里更能找到家与生活的感觉。方案突破传统的书吧造型方式，特别是大面积运用原木主材，一则体现天然生态感，二则以叠加的异形造型体现山城本地元素的设计运用。书吧的布艺沙发与原木凳都呼应了生态、自然的设计氛围。

4. 印象空间之四：未来感工法展示区

在我们打造的未来小区，突破传统的营销中心模式，整体是一个以"互动体验、健康发展、时尚科技"为目标的全龄段"体育+"乐园，科技是其中一个重要的设计表现面。在工法展示区，引入全息投影技术等，一边是现代简约的光感线条，一边是未来科技感的蓝色灯带。无论是光影的运用，还是装置的形体，都植入流线型的几何形态，与未来科技的运用结合得恰如其分，让客群有兴趣在这里获悉更多关于他们生活空间的用材与品质。

三、全龄段"体育+"乐园：以尽善姿态走向创新设计

RWD设计团队围绕项目核心资源——中央公园的先天强势人气，在展示中心的空间设计上实现最佳布局，在功能上达到完善及创新，在生活方式上对客户有互动与引导作用，使其无论从建筑上、室内空间上，还是软装设计与体验项目上，都将成为一种"现象级"的体验型展示中心。它最终将成为当地一个居民热衷、人流汇聚的地方，不仅是一个短期的单一展示空间，更是居民开展日常运动、娱乐、休闲、活动、游玩的大型体验场。

城市功能的完善与升级，需要有对未来理想城市发展的示范。而鲁能展示中心的空间创新设计，将促进形成全民健身运动的大趋势，更在功能上与商业价值形成联动，最终成为品牌形象展示和未来生活方式的示范地。鲁能已经不单是一个地产品牌的存在，更是一种创新生活方式的领跑人，无论是对"体育+"精神的发扬，倡导人们生活方式的改变，还是对未来的无限畅想，都在引领发展趋势。

重庆鲁能泰山7号，让我们走出传统的生活方式，走进全龄段"体育+"体验中心，畅享未来的全新生活，加入一个有体验感、有价值、有标识的尽善生活圈。

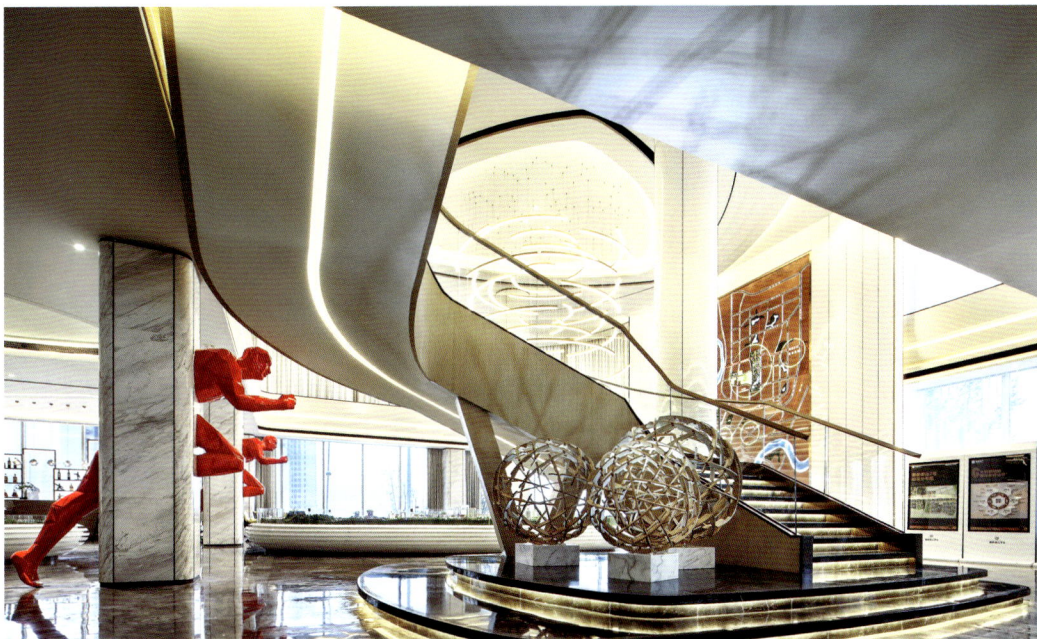

图 8 楼梯

图 10 VIP 室

图 9 书吧一角

图 11 三点半学堂（午后学堂）

图 12 电梯厅

新型全开放展示区创造健康人居生活
——重庆鲁能泰山 7 号展示区景观设计

重庆蓝调城市景观规划设计有限公司　　敖翔　李海　曾敏

随着社会的发展，如今健身的概念已经深入人心，民众们纷纷利用身边有限的条件进行各式各样的运动，如广场舞、跑步、羽毛球等。新城建设，无论是社区还是公共设施，健身的空间已经成为必须考虑的要素。健康的生活是当代社会发展的新趋势，也是现今全民追求的生活状态。鲁能作为全国名列前茅的城市建设者，理念的更新迭代更是站在前沿。重庆鲁能泰山 7 号就是在这样的背景下诞生的新型社区项目，整个项目以"体育⁺"作为设计基础，项目呈现出新时代的人文运动理念。这里我们将展示区作为研究对象，通过项目调研和思考，提出了全开放的布局模式，融入运动健康的设计理念，强调人在环境中的多维体验，传达环境对生活品质的影响。从规划层面与设计层面出发，开启了全开放公园式展示区营造的新方式。

人居最重要的几个因素为地理位置、环境因素和项目打造。首先，重庆鲁能泰山 7 号展示区位于重庆渝北区中央公园板块。该板块作为以中央公园为核心的未来重庆新中心，政府政策大力支持，力将该区建设成为健康休闲的重庆新生活时尚；其次，随着社会的发展，城市的市民不再满足于过往单一无趣的生活方式，渴望更"慢"的生活速度，更"闲"的生活状态，更"健康"的生活态度，更"多维"的生活体验。

因此，项目拥有优越的地理位置及环境因素，如何将这些优势融合为一体呢？

一、巧借资源，全开放公园式开发

鲁能泰山七号展示区处于中央公园及体育公园之间，成为两大公园资源的天然链接通道。这个地块的优势是：自然资源非常丰富，绿植覆盖率及空气含氧量都很高，能极好地满足人居健康的生活需求；劣势是：由于中央公

图 1　项目区位

图 2　总平面图

图 3　入口广场

图 4　展示区实景鸟瞰

图5　发光自行车

图6　半马跑道

图7　音乐跳跳雾台

图8　展示区集装箱建筑一

图9　展示区集装箱建筑二

园板块目前处于开发初期，本项目周边也多为待开发用地。区域功能缺失，商业、生活配套极不完善，给项目吸引人气带来一定的困难。而常规展示区布局及设计方式只能在一定程度上满足吸引性需求，无法使客户长时间停留。所以项目迫切需要打破传统的开发商思维，站在市民生活新需求的角度去思考，重视客户的体验，让客户以更放松的心态去体验楼盘价值和精髓。

为了能让客户深刻体会到鲁能的开发精神，丰富和补充中央公园地块的市民活力，项目巧借资源，以全开放公园式开发。

项目展示区摒弃了传统封闭式的格局，使客户不用再通过重重关卡，沿着既定的路线参观浏览，而以全新的公园模式开发，让空间变得一目

了然，但不刻板单调。空间强调互动参与性，多出入口的设置使任何人都可以进入，使其成为区域内唯一的全开放式展示区。

通过一条半马跑道将两大公园无缝衔接，跑道提供了跑步和骑行的多种可能，将"体育⁺"主题运动理念全程贯穿和演变，将公园资源效益最大化。这不就是"家在公园里，生活在公园里"的最好写照吗？如此设计，弱化了社区与环境需要区隔分明的传统设计，让人们的居住空间体验无限拉大，心理防线也进一步弱化，人们之间的交往也越发深厚。

二、多维体验，开启公园人生

多维互动体验，可拉近人与人之间的距离，开启不一样的公园运动人生，也是新型的健康人

文人生。公园里是一个世界，公园外是另外一个世界。公园外是一个忙碌的世界，街上车水马龙，行人步伐匆匆。公园里是一个悠闲的世界，充满活力、生机勃勃，活动于其中的人都只为一个目的——尽可能地享受人生的乐趣。

鲁能泰山7号展示区是鲁能集团倾力打造的一处公园式展示区，项目强调对于客流的吸引度和停留性，从多维度体验着手，用互动式声光电设施吸引市民放松身心，参与到景观中去；多种运动设施巧妙地与景融为一体，而且以家庭为单位进行布局设置。无论是一个人还是一家人散步至此，兴致而起时，都能进行有趣而畅快的运动体验。这真是一幅和家人朋友共享人生乐趣，营造和谐、自由的生活场景。在此举两个案例来体现景与运动互相融合的设计。

例一，展示区设置了富有新鲜感的能力自行车，这个自行车在运动跑道旁边，周边是绿树与草坪，车的旁边还有可供休息的木椅。市民散步到这里后，发现自行车，然后进行骑行，这个过程不刻意，自然而然就将运动与生活结合起来。而且在自行车的设计上也别出心裁。市民在骑行过程中，通过加速蹬骑使电阻发光管越来越亮，趣味性的互动对儿童甚至成人都具有极大的吸引力，大家走在这里都想来骑行。

例二，以自然界的植物形象演变而成的多彩雾喷构筑及地面旱喷图案，这些图案设计在跑道旁边，在跑步或散步时，路过这些有趣的景致，发现水雾本身就有降温解暑的效果，让身心十分愉悦。并且水雾还能跟随音乐形成动感变化，也获得了市民的喜爱，使得大家的停留时间大幅度延长，这些延长的时间，无疑又促进了大家的运动。

发光自行车、音乐跳跳雾台……什么叫多维互动？什么叫全景生活运动体验？这就是音乐、运动、灯光有机结合，形成韵律体感的互动，真正做到多维体验，趣味互动。

三、关怀身心，共创健康人居

1948年世界卫生组织明确规定：健康不仅是身体没有疾病，而且应当重视心理健康，只有身心健康、体魄健全，才是完整的健康。而在前文中也看到，随着社会的发展，中国民众如今对健康的认知和理解也日渐加深，这是国策与认知的双重前进。

鲁能泰山7号是鲁能主打的体育健康主题住宅社区产品系。鲁能集团将运动健康理念植入泰山7号，在整个项目的设计中处处都体现了这个理念。例如刚讲到的展区多维体验，细节处可见心力。

通过零成本创新引入足球公园与莫奈花海，贯穿全区的半马跑道，倡导全新的积极向上的健康生活方式。一个国际标准足球场和各种类型的场地可满足不同竞技及娱乐的需求，紧邻足球公园的莫奈花海使用了雨水花园的理念，纯生态自然生长，降低了管理成本的同时也使市民身心愉快。两个场地都由第三方单位出资运营，用最低的成本营造了最丰富健康的人居体验，并产生持续的运营效益。

旗舰级的销售中心，以"森林城市"的手法将生态建筑理念融入产品本身。垂直森林的外观和绿色生长的内部线索，让市民发现，原来自然和建筑可以用这样的形式结合在一起，树与水泥，不再是格格不入，仿佛有了新的灵魂。这样的新的灵魂，用生命之环的理念体现鲁能健康的

价值观，创建运动健康人居环境。

结语

当时代进步发展时，作为城市建造者，必须有更远大的目光和责任。在这一点上，鲁能一直是标杆和榜样。人们的生活品质在提升，人们越来越重视人居体验，并且还要健康可持续的发展。重庆鲁能泰山7号便是这样的项目，展示区摒弃了传统的开发模式，采用全开放公园式开发模式，注重客户的多维体验感和参与互动性，倡导全新的积极向上的健康生活方式。项目本身引领了"公园人生 健康人居"的生活时尚，可培养自主自律的运动健康行为，提高国民素质素养，以促进"健康中国"的建设。

图10 景观小品

图11 休息环阶

重庆鲁能领秀城四街区南区

项目地点：重庆南岸区茶园

用地面积：11.20 万 m²

总建筑面积：16.77 万 m²

建筑设计：中国建筑技术集团有限公司重庆分公司

设计时间：2016 年 2 月

创新叠拼，墅居生活

——重庆鲁能领秀城四街区南区建筑设计

中国建筑技术集团有限公司重庆分公司　郑奕　张博　夏露露　陈启辉　任华娟　李雪晗　杨恩川

山宅俯仰相合，跃然山水之间

小隐隐于林，大隐隐于市，如果说别墅实现了人们的生活与居住梦想，那么城市中心的别墅则兼具城市和别墅两种特质，不仅代表了舒适、高品质的生活模式，更承载着生活的意义。

鲁能领秀城四街区——滨河之上，墅居生活。注重建立上流人士的圈层文化体系，谈笑有鸿儒，往来无白丁。专为精英阶层而来，为建筑注入高端人文精髓，用人文之笔墨书墅居之精彩，在城心处彰显豪宅气度。

四街区的设计规划在反复可研性分析及多次现场调研后逐步清晰了项目定位和前景，真正意义上做到地块价值最大化的设计。

四街区南区所处的鲁能领秀城为 1600 余亩大城，与南岸政府为邻，依靠南山、铜锣山、玉马公园、梨子园河等天赋自然，集约茶园新城市功能。随着鲁能领秀城十余年的开发进程，周边社区不断成熟和完善，地块价值日渐显现，四街区作为鲁能领秀城大盘最后一期，容积率仅为 1.1，具备高端住宅项目的潜

质，更要实现大盘后期的红利溢价，但传统叠拼和联排的产品组合将面临外部市场愈演愈烈的产品同质化竞争，是跟随还是突破成为设计的思考主题。

当我们对项目品牌、地块条件、推出时

机、市场方向、产品溢价空间进行了反复的梳理之后，我们决定将"突破"作为设计的主要方向，树立茶园片区同类产品的价值标杆。事实证明，这一决定使得项目获得了大大超出预期的整体溢价。

图 1　总图演变

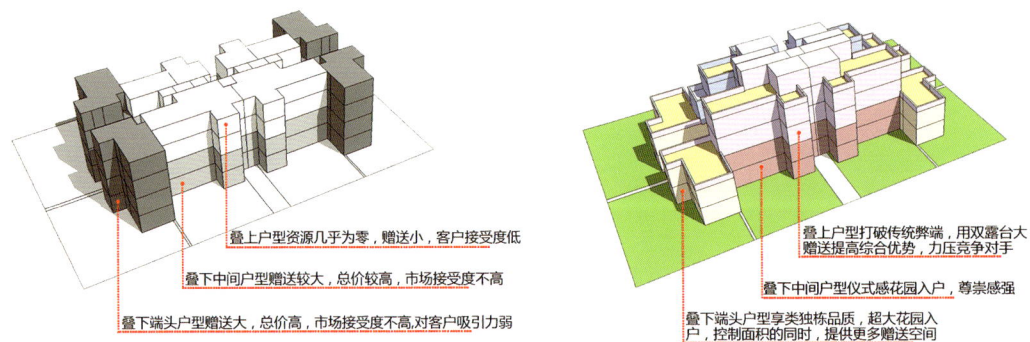

图 2　叠拼户型资源分析

规划布局升级，提高整体资源分配的合理性

原方案采用传统叠拼产品，无法达到预期的高溢价及快速销售的可能性。推敲过程方案一味追求别墅产品最大化，洋房产品挤压严重，无法达到均好性，影响整体货值预期。优化形成最终方案，将景观提供给高溢价产品，提高全部产品线竞争能力及后期溢价能力。同时沿临一线市政道路增添沿街商业，为3号地、4号地之间的商业空白做出补充，让业主的生活更为便捷、丰富。洋房楼间距达到21.5m，大于市场普遍性的洋房产品15~18m的间距，更加舒适宜人。别墅产品楼间距达到1:1.5，约16m，尺度宜人，居住感受良好。

图3 叠拼一层平面图

图4 叠拼二层平面图

图5 叠拼三层平面图

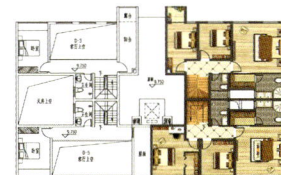
图6 叠拼四层平面图

图7 叠拼效果图

户型产品创新，保障溢价空间

叠拼户型创新点主要在于打破了传统叠拼中叠上户型与叠下户型的资源分配不均问题，每户的资源配置达到极致，同时在严控外立面随意改造的同时在内部实现了较高的可利用空间赠送。

创新型叠拼别墅具有类独栋与叠拼结合的品质感，享有庭院、双屋顶的露台，资源丰富。叠下户型，享有花园与类独栋的品质，在相同面积下有更多赠送空间，保证得房率，并且在控制面积、保证户型舒适性的同时，控制总价。叠上户型利用自身形成的露台空间，在增加极少成本的

前提下，做双屋顶露台赠送，不仅突破了传统市场局限，还极大地提高了产品竞争力。整体改造空间都是通过内部搭建，不会对外立面造成影响，保证了立面的完整性及项目的整体品质，并且满足规划要求。

创新型叠拼别墅户型的套内面积为95~

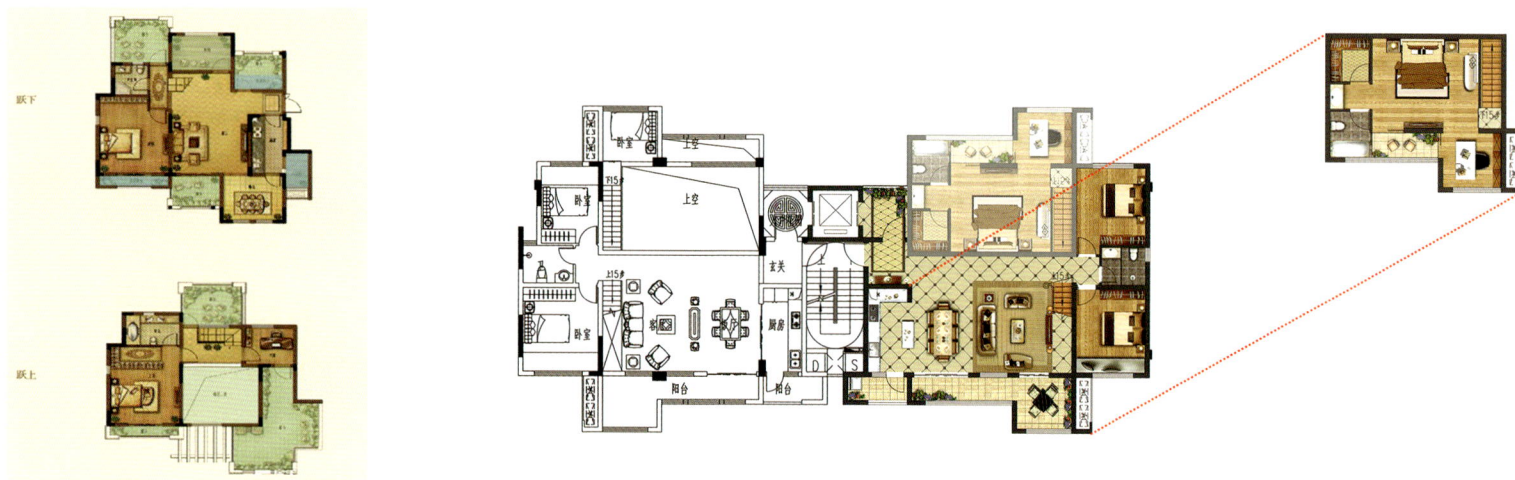

图 8 传统洋房与创新洋房

图 9 洋房效果图

112m²，赠送率高达 203%。

洋房户型的创新点在于错跃（改造后主人房有私属独立感）和普通洋房所不具备的可改造空间。市场普通洋房均为平层洋房，只在顶部形成跃层洋房形态，而且送配的资源也稍显欠缺。

创新型洋房兼具平层洋房的舒适性和跃层洋房的性价比。本案充分考虑各个年龄段的使用感受，保证空间的完整性。底跃享有别墅的尊贵品质，前庭后院奢享独有景观资源。中跃首层两房，各享私密空间，互不干扰。顶跃别墅级奢华主卧套房设计，空间灵活多变，景观、功能一应俱全（户型套内面积 90m² 左右，赠送率达 46%，远高于市场竞品）。

立面风格与领秀城整体形象相协调

四街区南区立面色彩延续了领秀城整个项目的色调，以暖色系为主，根据产品的不同色彩逐渐变浅，四街区的高端别墅区和高层住宅区之间，从相对较深的颜色过渡到相对较浅的颜色，四号地的建筑色彩正好起到一个承上启下的作用。

项目立面为新草原风格，不仅整体大气，而且与已形成的鲁能领秀城大社区立面风格相协调，突出了鲁能企业品牌形象感。三段式划分，比例考究，强调水平线条，前后体量的层次感，大挑檐与错落的屋面组合，融合景观整体打造，立面形象极具奢华品质。

鲁能领秀城四街区南区项目 2016 年 11 月面市，创新型品质别墅产品直击客户敏感点，溢价率高达 18.75%，销售速度远远突破当时别墅市场月均销量，无论在销售速度还是溢价方面都成为该区域品质别墅的价值标杆项目。创新型洋房产品溢价率高达 19.25%。整体项目销售单价引领该区域品质住宅的高溢价潮流，鲁能领秀城项目在该区域内完美呈现"领袖"气质。

图 10　大门效果一

图 11　大门效果二

重庆鲁能九龙花园

项目地点：重庆九龙坡区

用地面积：6.19 万 m^2

总建筑面积：29.62 万 m^2

建筑设计：中机中联工程有限公司创作研发中心

景观设计：重庆蓝调城市景观规划设计有限公司

设计时间：2015 年 9 月

通过差异化产品在市场中寻求生存
——重庆鲁能九龙花园建筑设计

中机中联工程有限公司 创作研发中心　　杨劲松　邹洪俊　郭源媛　罗飞　朱迪

一、"产品差异化"的基本概念

"差异化产品"是指企业以某种方式改变那些基本相同的产品，以使消费者相信这些产品存在差异而产生不同的偏好。

产品差异化的概念较大，但本质含义是相对于同质化或者成本优势而言的一种竞争手段或者产品定位。

成本优势是指具有基本相同的使用功能的产品，通过生产成本或者销售价格更低的办法取得竞争优势。与上述同质化办法相对的是通过产品差异实现消费群体差异。

二、九龙花园的"差异化"设计——八项产品差异

鲁能九龙花园项目位于政府规划的CLD——重庆中央居住区核心位置，背靠杨家坪商圈，是九龙坡区的开发热点，项目周边有三个公园环绕，且该区域已有保利、万科、方兴、隆鑫、奥园等一、二线开发商入住，竞争较为激烈，周边道路修建还未完成，出行不便。

本案客群主要以项目周边客群为主，刚需和刚改客群居多，对项目套内面积较为敏感，对户型总体售价较为在意，对户型居住品质关注度不高，但对于项目周边配套要求较高，对项目周边配套较为在意。

在充分调研项目整体与客户群体后，结合九龙花园实际案例，本文从以下几方面详细阐述九龙花园产品如何与周边项目形成差异，并取得成功。

规划的差异性——超大中庭

充分分析项目周边规划布局方式，得知周边小区规划中均无大中庭设计。由于周边小区容积率均较高，导致中庭空间较小，小区内部空间较为压抑，小区视觉环境较差。在九龙花园的规划设计中，则充分利用地块西边较为方正这一地块特点，在规划设计中采用"拉高排低"的方式，减少场地内部住宅楼栋数量，且将建筑楼栋靠

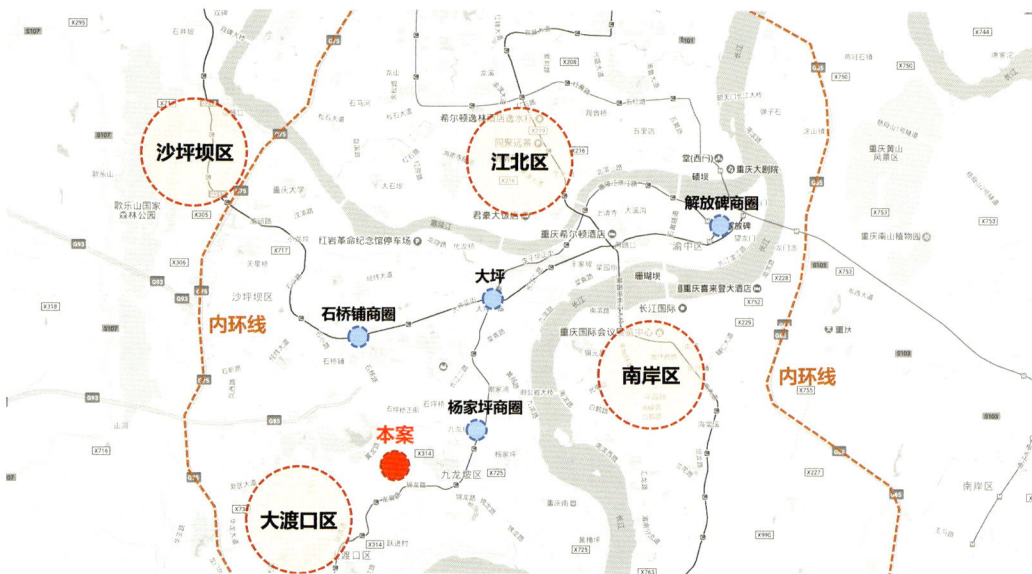

图1　区位图

地块周边布置，尽可能地扩大小区中庭尺度，从而创造出一个宽约90m，长约160m的中庭空间。

在与周边楼盘的竞争中，大中庭作为小区的一大亮点，与周边小区形成差异，吸引目标客户，提升小区的竞争力。

产品价格的差异性——成本优势

在进行充分市场调研和项目定位后，结合本项目目标客群，即刚需和刚改客户的实际需求，鲁能九龙花园的户型设计在保证产品使用功能相差无几的条件下，通过控制户型套内面积，使得户型套内面积比竞品少 $3\sim5m^2$，在单价相同的情况下获得更低的产品总售价，争取更多刚需客户。

对于整体项目而言，前期通过充分勘察与沟通，在项目设计上做到精细化设计，如商业通过多首层设计减少土石方，地下车库做架空车库，户型立面精细化设计等方式，减少项目的建设成本，从而进一步减小项目总成本，将成本优势让利于客户。

产品功能的差异性——使用功能

通过前期市场调研分析，并结合本项目实际定位，确定九龙花园户型最小功能为2.5房设计（结合学区房，老人带小孩情况）。为了能在面积适当减少的条件下增加户型的使用功能，设计师通过一系列设计手法达到效果：一是户型设计充分考虑飘窗空间赠送，增加卧室使用面积；二是在客厅阳台的设计中，考虑后期可将部分阳台改为小书房设计，增加使用功能；三是部分空调机位赠送，后期可改造为阳台，增加户型使用面积。

产品立面的差异性——提升形象

通过与周边楼盘售楼部造型和项目立面的分析，得出周边楼盘售楼部构思设计均较差，且项

图2　总平面图

图3　育才中学鸟瞰图

169

图4 间距分析

图5 景观中庭

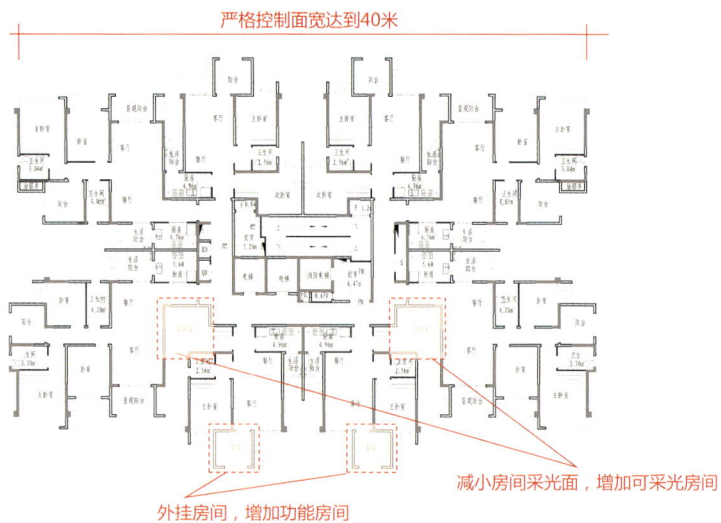

图6 平面设计分析

目立面设计粗糙、呆板，项目形象较差。

本项目在设计过程中，售楼部立面采用简洁的体块穿插，错叠的石材拼接，使售楼部立面有丰富的空间组织关系，与周边项目拉开差距，有效提升项目形象。

在高层立面设计中，采用现代风格的设计手法，利用简洁的线条和丰富的色彩明暗关系，与周边项目的欧式风格形成明显差异。

产品内涵的差异性——精装修

在样板房的设计中，本项目结合刚需客户的心理与需求，采用现代风格的装修，与周边项目奢华的欧式装修风格形成明确差异，在以下几个方面更能满足客户需求：一是本项目购房客户为刚需客户，基本为首次购房的年轻人，现代风格装修更加贴近年轻人的审美；二是在内部装修上，更加注重户型产品的功能性，而非舒适性，更适合年轻人的需求；三是在装修用材上，采用更经济的设计，更适合刚需客户。

产品景观设计的差异性

在项目开始之初，本项目就定位为刚需楼盘，景观设计则将本小区最大的亮点——"大中庭"作为设计的重点，依托本小区最少2.5房的户型设计，着力将小区中庭打造为一个充满生活气息的交流空间，目的在于创造一个利于老人休憩和小孩玩乐的公共空间，与周边同质化的景观空间形成差异，体现项目学区房的设计定位。

而在景观功能与构成方面，超大的环形跑道、优雅的小区游泳池、现代化的景观小品，无一不与周边楼盘形成差异，彰显小区品质。

产品商业配套的差异性

作为九龙坡重点街区——火炬大道上最重要的项目之一，九龙花园的商业街是整个项目的一张脸，从以下几个方面展示着本项目的魅力：

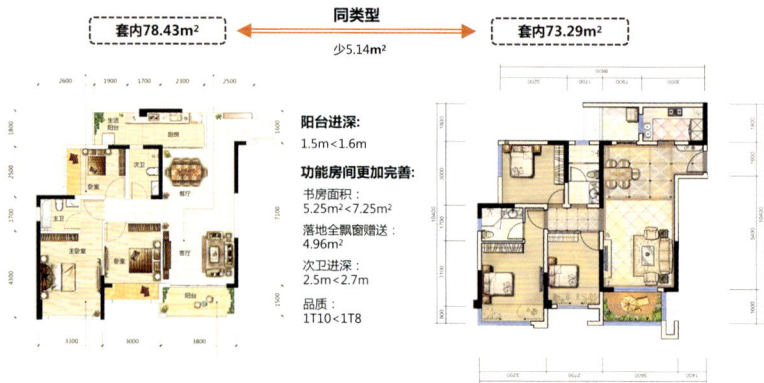

图7 户型对比图

①商业设计采用内街的设计方式，与对面奥园商业街相得益彰；②结合用地地形高差，多首层的商业让本项目商业街拥有更多的溢价点；③开放商业街区的规划，在周边项目中树立了步行街设计的新标杆；④商业广场的规划，让更多的人流在本项目商业休憩玩耍；⑤商业外立面石材的运用，让本项目在周边树立标杆。

商业街正向的差异化无疑为项目形象的树立画上了浓墨重彩的一笔，使项目迅速在周边楼盘中脱颖而出。

产品文化的差异性——学区房

通过引进育才中学，九龙花园拥有盘龙区域唯一知名学校"育才中学"指标，在消费者心中树立学区房的概念，吸引一大批有教育需求的购房者。

三、盘龙的标杆项目：差异化设计的典范

九龙花园进入盘龙区域时，多个开发商已经提前进入并布局产品，市场反应较好。在九龙花园进入该区域后，通过差异化的竞争，在总体规划、产品售价以及产品功能上迅速与周边项目形成差异，且树立标杆项目形象，吸引目标客群，在售价提升 10%～20% 的条件下长时间保持该区域销冠。

结语

从拿地到设计再到销售，鲁能九龙花园作为盘龙区域的后来者，并未在激烈的市场竞争中迷失，通过差异化的竞争，找到项目切入点，不仅迅速打开了市场，而且还保持了项目高溢价率，在该区域树立了标杆，并为后来九龙东郡的销售提供了强有力的保证。

图 8　立面图

图 9　商业街效果图

让有层次的视觉成为山地商业的独特风景
——重庆鲁能九龙花园展示区景观设计

重庆蓝调城市景观规划设计有限公司　　敖翔　李海　肖帮玲

有层次的视觉，在摄影中常被提及。光、景的分层，使得整个画面生动而充满韵味，让"被看的景"与"看景的人"结合起来，作者与观者之间，有了心灵感应。"看与被看"是有层次的视觉的根本。在本项目中，将这样的手法运用到建筑的景观建造中，让景色变得灵动。

山城本身就是一场光影的盛宴。建筑点缀在高低错落的群山之间，形成独特的建筑文化。清末名臣张之洞曾这样吟咏重庆："名城危踞层岩上，鹰瞵鹗视雄三巴"。重庆，就是"看与被看"的高度境界。

图 1　永久方案总平面图

在本项目中，我们结合自身的地理位置，剖析场地自然属性的地势高差，从而产生了要造有层次的三维立体景观风景的想法。在对该景观的研究中，光影怎么分布，会产生怎样的视觉效果？建筑如何融合重庆山地景观的独特特色？如何营造"看与被看"层次视觉的造景之趣？这不仅是对单一项目的思考，更是对城市与建筑、文化与建筑，以及对建筑本身的思考。

一、城市与建筑——相辅相成

九龙花园项目位于九龙新城。此区域属于重庆以西，在重庆向北的发展策略中，该区域的发展速度乏力，配套设施及区域吸附力比较弱。而项目所处的地块周边，没有整体商业配套的打造，九龙花园的出现弥补了此地块商业缺失，这是项目自身的影响力。

而商业的景观打造，因所处地块的特殊性，则有较大的难度。该地块周边城市界面形象缺乏，难以借助外力提升自身品质感。而在地块的北侧、西侧均为 13m 高的大挡墙，呈现断崖式，极大的空间束缚成为景观创意的瓶颈。

在这样的困难下，景观打造有了一个明确的要求：化腐朽为神奇，让不可能变为可能。区域形象力不够，项目整体便打造成区域标杆。地块原生资源条件特殊，就借力打力。既然要考虑到融合重庆文化，那么断崖式的地形不正是独有的重庆特色吗？

如此，设计的理念便出来了——山地商业，重点为山地和商业两个特点。

（1）结合地形，断崖式的挡墙怎样才能有层次，怎样设计才能将建筑与断崖相结合，体现出山地之美？

在此我们源溯吊脚楼式山城建筑，这些断崖

图2 九龙临时样板区总平面图

之上的建筑非常具有重庆特色，充满了独特的视觉美感。有了这个核心设计理念，进一步梳理明晰景观骨架，利用三层平台，将原始场地内的不利条件转化为设计亮点。

（2）商业的打造，要做成区域标杆，怎样才能体现品质感？

我们借助古巴比伦空中花园的造园手法，将景观呈现三维立体式，让其形成独特的流动感，"看与被看"的独特风景。

城市与建筑，城市造就建筑，建筑推动城市。由此形成了九龙花园独特的建筑形态。

二、文化与建筑——符号与印记

山城是重庆的别称，也是一种独特的建城形态。独特的城市地理赋予了景观基底地势高差变化较大的自然属性。魔都山城，车在房顶跑，轻轨开进楼，江边吊脚楼，平地进到十层楼。重庆文化，以独具特色的建筑成为山城的标签。

既然本项目的景观打造理念已经有了，如何将文化与建筑相结合？这就是山地高差错落变化与园林景观精髓必须完美结合，这样才能呈现立体多维、个性差异并举的文化景观空间，让山城的人民成为"看景的人"，而项目成为"被看的景"。

（1）山地层次高差变化诞生三维立体花园

项目地块有明显的层次高差变化，在传统的重庆建筑中，楼上楼、楼

图3 跌水叶形采光

图4 九龙花园商业街

图5 儿童乐园

中楼随处可见，但老式的建筑在利用层次高差变化打造景观的方面做得非常单一，建筑与景观呈现分离状态。九龙花园在设计之初，就考虑到依托层次高差变化打造灵动空间。

项目的地势高差有 13m，不仅对景观设计是个挑战，对空间利用也是个挑战。在景观设计上，我们采用了古巴比伦空中花园的造园手法。古巴比伦王国位于美索不达米亚平原，历史悠久，留下非常宏伟、堪称奇迹的建筑，最让人惊奇的便是空中花园。这样的花园特色是立体造景，层次分明，形成景中有景，一步一景。

我们利用高差设计了负二层、负一层、一层到三层不同功能的景观平台，选用不同草皮、灌木、乔木等高差不一的植物加以配置并进行植被覆盖，遥看宛如花园悬浮于空中，层层释放盎然生机，视觉层次感非常鲜明：一层采用简洁式景观线条，导入性结构层次清晰，微波涟漪的镜面水池，倒映着山城特色张力的售楼中心，奠定了内心对产品品质的第一认知；二层潺潺流水，绵绵不绝，每层跌水设置叶形采光，将光线引入架空层，为室内增添斑驳的纹理与趣味；三层将自然的新鲜气息引入室内，生态怡然，实现室内外景观无缝链接。

（2）功能需求诞生下沉空间商业广场

前面已经讲过，九龙花园所在区域商业是十分稀缺的。在此次功能设计的考量中，商业部分是非常重要的考虑因素。商业街是行走、徜徉、休憩、交流的开放空间，因此寻找适宜的尺度，将高差变化的空间重组，使之具备标识性的同时更具有商业的生命活力是尤为重要的。

在此次的设计中，我们利用地形高差设计，将商业广场沉入地下。一方面是充分利用环境，让空间利用率达到最大化；另一方面是形成独特的体验。人们穿越灵动的景致空间，进入平层的室内大堂，然后发现地下别有洞天，如同发现汽车在屋顶跑，轻轨开进楼一样，都是因为立体空间的特殊性带来了新奇的体验感。

图6 下沉商业广场

　　在这样的设计中，不仅空间利用要合理，在规划商业街的细节上也必须仔细和小心。我们遇到一个问题，那就是消防通道东西线必须联通，并距离建筑8m，这样的预留景观条件严重影响负一层景观的打造，甚至影响负一层商业的销售及运营。但是我们没有放弃，经多轮沟通协调，最终采用尽端回车的消防方式，将梯步及高差退至建筑20m以外集中解决，从而凸显商业街的最优价值。

三、地下空间的思考诞生全时段无动力儿童乐园

　　在我们对城市与建筑、文化与建筑的关系的思考中，利用地形的高差设计了独特别致的景观及有功能型的商业空间。在对建筑本身的思考中，我们又开始了对空间的研究。

　　在这一片高低落差的空间之中，我们用层层叠叠的水景结合室内与室外，在考虑商业儿童设施配置比较少的情况下，增设室内亲子乐园，提供灵动的游乐体验，强调家的互动交流，诱发对未来鲁能生活的向往；室外全龄段儿童活动场地，解锁儿童冒险探索的天性；疏林草地，清新自然，成为舒适的户外洽谈空间。

结语

　　什么构成了城市？而什么是建筑？什么样的建筑有语言？而什么样的建筑有灵魂？

　　重庆鲁能九龙花园，坐落山城，将山城地势高差与西式现代造园手法相结合，合理转变地势高差变化，赋予土地新的活力。通过对城市与建筑、文化与建筑及建筑本身的思考，让有层次的视觉成为独特风景，从而打造三维立体式的花样景观，包括有巨大作用的功能空间，以及因人性思考而对空间充分利用的儿童区域。

　　九龙花园本身就是山城中"看与被看"的独特风景。

重庆鲁能江津领秀城一街区

地点：重庆江津滨江新城

占地面积：13.94 万 m²

总建筑面积：36.25 万 m²

建筑设计：中机中联工程有限公司

室内设计：黄志达设计顾问（深圳）有限公司

景观设计：重庆蓝调城市景观规划设计有限公司

设计时间：2016 年 12 月

构成主义设计融合室内与自然
——重庆江津鲁能领秀城展示中心室内设计

黄志达设计顾问（深圳）有限公司

本案结合鲁能集团"生态、健康、运动、娱乐、科技"五大维度与山城环境下的自然元素，通过"泛空间"设计手法上的创新演变及融合，模糊商业空间与自然环境之间的界限，从而打造一个去营销化的休闲体验场。泛营销中心的功能定义与构成主义的设计创新相结合，最终将使项目成为"健康＋教育＋艺术＋全配套"全城市生活名片。

图1　接待区

一、"泛空间"在营销中心中的实践

"泛空间"概念——一半在室内，一半在室外，内外空间交融，使界限模糊化。基于此深度开发空间，通过对平面结构的组织，实现空间在水平方向与垂直方向上的交互，交通动线空间与功能空间融为一体，让建筑与空间都可获得更大限度的开放性与流动性。

方案通过反复比较和推敲，最终确认室内以"生态＋科技"为设计主题，在自然与仿自然之间解构，在仿自然与人文之间切换，丰富整个空间的独特体验，让空间整体具有大自然般的流动感和透明性的建筑架构感。

整体空间功能布局井然有序，人流动线自然流畅，细节之处皆植入运动元素，即"空间的流动性"——在运动的状态下能够体验到空间的变化，例如山、树、云和流水的设计元素，在空间里被解构与重新组织，实现一种可被人感知的运动态与自然态。

同时设计师还希望人们能够切身体会到空间是一种透明的存在，即"空间的透明性"，在这些设计中，空间彼此之间因为没有视觉障碍而得到贯通，人们置于空间之中可以感受到不同位置、不同功能的空间的同时存在。在水平方向及垂直方向上保持统一的连续性，使空间有张力，这种力量吸引人们去体验、感受由透明性所暗示的空间的存在。

二、构成主义的设计创新：五大空间五大解构

方案透过建筑与当代生态设计来创造生活美

学，透过当地山城诗意元素结合空间量体来营造氛围，内外兼修，皆是自然。所有空间通过大块面大面积运用落地窗，尽可能保有大面积采光，且使得白天与黑夜各有不同的视觉感受，动线层次丰富。一层、二层和三层之间除了有整体性之外，单层空间的现代线条和自然装置也能独成一体。空间通过布局规划，整体可塑性强，将可变性大的空间与可变性小的空间相互搭配，随时随需融合与扩展。

解构空间一：沙盘区

沙盘区整体色调明快，层次分明。提取几江河流与水中鱼的形象，分别在天花及地面铺展，各方相互呼应。天花鱼形吊饰由一条从接待区为起点的主轴线向沙盘铺展，上下波浪穿插，把几江的"弧"融入其中，加上弧形的楼梯与接待台连体设计，整体一气呵成。不规则几何形体分割连体背景的绿植墙，融入生态理念的同时体现科技感。

交界处设计转折点，使空间不会一览无余。主背景墙体在空间中起到分割入户与沙盘区的功能，打破传统，丰富空间层次，并使得空间从明确的限定中解放出来，获得了真正意义上的自由与开放。

解构空间二：洽谈区

洽谈区以江流、山林、云为主题，上下呼应，水吧台的弧度通过柱体贯穿统一，以鸟为主题的吊灯进一步强化空间的生气，增强氛围。由于右侧的整面玻璃幕墙过于通透，直接使用会缺乏层次感，故将屏风以高低错落、前后叠加的手法分组布置（提取于山城的概念）。屏风采用亚麻与夹丝玻璃两种材质相结合，自然的亚麻与都市的夹丝玻璃既有对比又有相似，给人一种新旧交错的感受，使原本单一的玻璃幕墙内容丰富、层次分明。

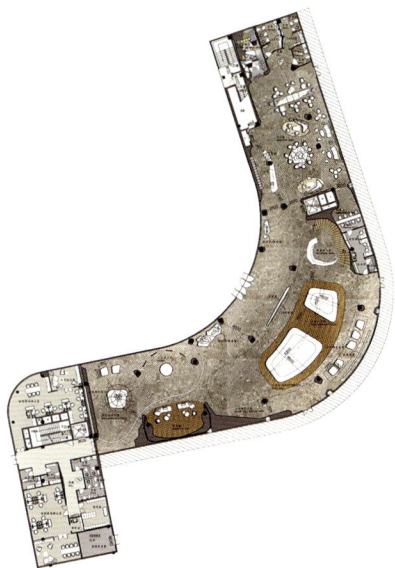

图 2　一层平面图

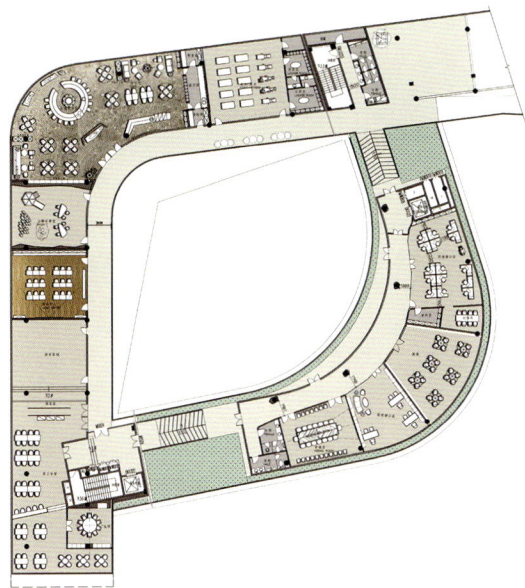

图 3　三层平面图

图 4　沙盘区

图 5 休闲书吧洽谈区

图 6 会议室

空间中心将树与云的元素植入，与右侧"山城"的屏风相呼应。整体以企业色为主导，绿色为点缀，运动雕塑为主配饰，呼应主题，呈现一种在自然生态中的健康生活状态。

解构空间三：影音厅

此空间主要以科技元素来体现，蓝色科技灯光提取于"山城"中的阶梯，墙面与天花相连贯，块面转折，大小区分，将地域文化（阶梯）、科技、传统与现代相结合，打破常规。工法区天花的几何形体与展盘呼应，以加强空间的整体性，强调天地关系，地面采用弧线打破平整的空间，也是一条连接三块空间的主轴。

解构空间四：休闲书吧

以阅读为主题的休闲书吧，采用不规则几何形体的组合形态，以不同形式表现不同区域的书架。水吧柜与书柜的对比不仅是疏密对比，也是虚实呼应，将九江河流的形态融入天花、地面，仿造大自然的生态环境。

解构空间五：红酒区

空间注入红酒区，以弱化营销中心的商业形象。红酒区的设计以酒吧台为主体，吧台的吊灯、天花的圆形，上中下贯穿一体，融入梯田元素的弧线，与以树为主题的吊灯呼应。侧面以梯田写意的屏风，背底的蓝绿色与地毯的色彩为一体，在体验动线上放置与运动主题契合的艺术装置，提升整个空间的观赏效果。

三、重庆城市名片：去营销化的休闲体验场

领秀城在生活方式上倡导大都市的自然生态休闲模式，用设计的新时代语言去阐释山城。每一个空间区域都各司其职，又彰显单体空间的个性，呼应自然主题。空间源于自然，服务于人，在满足功能的同时，让人感受空间各处变化的魅力和设计的无限趣味，打造一个宜居的城市名片。

空间创作当是如此，在室内的设计方案与实际施工落地过程中，与室外的自然环境相互融合，两界合而为一界，在流动性与透明性之间轮转——江津鲁能领秀城，一步一脚印，循序渐进，开发生活的另一种可能。总体而言，一者是作为售楼中心的空间，让人直观感受到生活层面的气氛；二者是作为去商业化的一个休闲体验地，让这些常态开放的公共空间慢慢渗透到人们的生活。未来，鲁能"泛营销中心"将成为都市人群的综合生活空间，成为名副其实的泛社交生活圈，更迭人们的生活，以致最终更迭人们的居住梦想。

图 7　红酒区

图 8　儿童活动区

图 9　三点半学堂

梦想起航，文画江津
——重庆江津鲁能领秀城展示区景观设计

重庆蓝调城市景观规划设计有限公司

一、"文画江津"——江河文化在展示区的体现

"几江形势甲川东，山势崔巍类鼎钟；岚静天空青嶂耸，雨余烟敛翠华重。"明代工部尚书江渊几行诗作，将江津俊丽山川风景描绘而尽，如此绮丽之地，伴有几江萦绕，孕育了底蕴深厚的江河文化。直至今朝，几江仍是江津的一张城市名片，见证着江津滨江新城的发展，即城市公园体系居住社区的崛起。

在有着深厚的文化底蕴、丰富的自然资源的这块土地上，古朴文化与现代化大都市完美融合。大量的多功能性城市公园结合统一规划的居住社区，成为江津新城城市化发展的主导方向，也印证了森林城市的可持续发展概念。

重庆鲁能进军江津，落子滨江新城，在充分研讨区域发展定位的基础上，依托市政体育公园，结合鲁能自身 DNA 属性，城市森林公园体系综合社区创意理念油然而生。在亮相江津、领秀江津的品牌站位中，将江河文化与城市公园社区景观融合演变，探寻当地文化脉络，在文脉与意识形态交融中，展现一个多维度而又具有地域文化的现代城市公共景观。

二、文化表现的三维空间创新：六大空间六大解构

大江西来，在江津城区受阻于鼎山转而向北，复受阻于马骏岭东巡，再受阻于高家坪南巡南回，环鼎山绕成了一个几字形的大湾，故江津又名"几江"，通过对"几江"文化元素进行分解和演变，让旱龙舟、水中浪、江中鱼、波水纹、几江黑石等江河文化元素融入设计之中，并对其进行元素演变，运用于铺装、景墙、水景、功能场地、小品以及建筑吊顶等项目场景中，使得江河文化以更好的呈现方式对公众进行展示。

建筑理念为打造鲁能理想家园的社区理念，希望能形成区域性地标，通过开放、旋转的动势来引导售楼中心设计，以形成具有更多可能性、戏剧性的空间关系；多层次的体验感可服务于周边邻里的商业活动中心，除了作为售楼处以外，也是一个具备多样化功能的设施，并且附有 24 小时开放的城市公共环境。多维度的建筑和复合

图 1　项目区位图

图 2　总平面图

图3　展示中心鸟瞰

型的现代化体育公园也把景观从传统的二维景观推向到多维景观的层次；从多维景观表达方式，希望突破层次单一、空间单一、功能单一等难点，构成一个多层次的景观空间，达到景观多元化；在科技创新及超前意识表达上，新锐设计元素的注入，将运动纳入到景观设计中，促进了这一理念的实施；在可持续发展上，多层次植物空间的注入，使居民能够完全地生活在绿色中；在人性化设计上，多功能复合化景观小品设施的引入，在点缀景观的同时，使公共空间多功能化得到更好的体现。

展示区的分区手法，希望使人们在景观空间体验上，给人以引导性和尊崇感，使人们在游览过程中体验领秀城产品的同时，也能感受当地文化，多功能的区域分布，给各年龄段人群不同的

景观参与感受。

解构空间一：入口展示区

入口形象区域，特色景墙以水波为原型进行演化，以现代手法植入江河文化元素，开合型的景观入口，更是为展示区注入源源不断的景观源泉。

"几"字形聚水藏风的开合方式和水波纹的铺装线性，不但具备昭示性和引导性，更为展示区注入源源不断的景观源泉；林荫车道结合平曲线人行道路和健康跑步道，既能满足人流、车流量需求，又能体现健康生态，同时与体育公园相互呼应，形成多维度城市公共空间，让人闲庭漫步中，体验城市慢生活。

在竖向上，精神堡垒配合特色景墙，比例符合黄金分割的原则，在尺度感受上，给人庄重、

震撼的空间尺度感受。三菱角的山型精神堡垒结合"几"字形的水纹景墙，屹立在退台式的景观花池上，更是"几江"地形浓的缩体现，以鼎山、梯田、江流进行演变，具有强烈的动感，浓烈的地域文化，更是体现了鲁能集团对于江津本土文化的挖掘和集团文化的展现。

色彩上以黑白灰为主，白色的景墙表示纯洁与尊贵，素色调的搭配，给人雅致的景观感受，银色金属色感的精神堡垒，给人现代前卫的景观体验。

解构空间二：文化长廊区

闲庭漫步于林荫下酥软的塑胶健康慢跑道，温暖的阳光透过叶片洒在两侧科普知识牌和企业文化牌上，在增加趣味的同时，提高客群对开发商的品牌认同感，从而也给接下来炫

丽的景观前场从心境上埋下了伏笔。

解构空间三：广场展示区

4000m² 城市未来生活中心广场，动态的景观线性勾画着江河的脉络，铺装上游历的小鱼雕塑使得场景更为灵动，转折处镜面不锈钢的几江黑石映射出多层次景观空间，流线型景观水景承载着乘风破浪的帆船，映照着前卫的建筑平曲线灯带，以动静结合的布局方式表现多层次景观空间；吸引人气的旱喷广场，高品质的水中卡座更是表现了人们对美好生活的向往，在吸引人群的同时，更是勾勒了一幅未来炫酷靓丽的城市生活画卷。

铺装以江水流淌的平曲线形、通畅的流动性线条进行形式演变，结合江流水波纹的纹路，对铺装和灯具布点进行动态流线处理，使得场景更具有张力，在元素呼应上，既能表现江河文化，又能以现代简洁的景观处理方式表达景观线形。

近身于退台式景观水体，感受其水纹线型的变化，蜿蜒的曲线灯带散发丝丝暖意，扬帆起航

的帆船巧妙地与地下采光井结合，在弱化建筑柱体密集压迫的同时，又给地下空间带来阳光与暖意。

解构空间四：博物馆展示区

2200m² 多功能复合型文化展览体验中心，让远道而来的车行人群，第一时间体验到特色的地域文化。平曲线的铺装线形，结合山形的景观树池，流线中，不锈钢的黑石小品提升了场景的层次感，同时呼应其他区域的江河文化元素。

解构空间五：儿童活动区

曲线延伸的江河主题儿童乐园，融入水坝、黑石、江鱼、特色农业种植乐园等多文化元素为一体的参与性游乐设施；置身其中游玩的同时可学习到江河文化知识和物理科学常识，同时感受美好的童年记忆；起伏的疏林草地，多层次亲草平台，蜿蜒的道路，把人带入一块别致的室外景观场地。

解构空间六：样板房展示区

3500m² 户外活动休闲场地，打造多维度户外休闲空间；林草地与景观廊架的结合，从尺度上，50m 的草坪景深给人一种舒适的观看尺度；廊架天目制造出良好的光阴效果，柱头和水景都暗藏景观灯带，在景观手法上达到见光不见灯的景观效果；与植物的结合更好地使样板房轴线对景形成关景的景观感受，同时也能屏蔽施工围挡视线，形成障景的处理手法。

三、多维体系创城市复合型公共空间

对健康、创新、生态、教育、可持续性等多项方向进行表现，以健康跑步道、文化雕刻、声光电科技灯光系统、互联网家、江河记忆儿童乐园、立体屋顶花园、智能化管理科技等多方面诠释文化领秀、印象领秀、生态领秀、活力领秀、健康领秀、科技领秀、创新领秀、康教领秀这"八大领秀"的含义；在体现多元化景观的同时，也代表了鲁能领秀城系列产品在江津"扬帆起航，一帆风顺"的寓意。

结语

在江津鲁能领秀城展示区景观设计过程中，秉承着打造"梦想起航·文画江津"的景观设计理念，以多维度的景观呈现方式，契合江河文化的景观设计主题，打造多层次的景观公共空间；在设计过程中，遭遇了规划、管网、地形、现有建筑等多重限制因素，但通过结合现场条件，使用多重景观手法解决了这些不利因素，并变弊为利，使其收放自如，便于客群有更好的景观体验。在品牌打造上，以新颖的思维和专业的角度，将承载百年的江河文化与鲁能企业文化相融合项目或将成为江津区域生活的标杆。

图 4　展示中心内广场

图 5　主入口景观

图 6　文化长廊

图 7　未来生活中心广场

图 8　展示中心内广场

图 9　儿童活动区

图 10　样板房展示区

成都鲁能城

地点：四川省成都市成华区

占地面积：14.66 万 m²

总建筑面积：56.63 万 m²

建筑设计：上海天华建筑设计有限公司

景观设计：深圳市喜喜仕景观设计有限公司

室内设计：深圳高文安设计有限公司

　　　　　黄志达设计顾问（深圳）有限公司等

设计时间：2014 年 8 月

绿色纽带

——成都鲁能城展示区景观设计

深圳市喜喜仕景观设计有限公司　　杜娟

成都鲁能城展示区景观通过分析项目周边绿地布局，优化各绿地空间关系，以生态、健康、运动为核心，发掘景观空间的精神内涵，以绿地为整体框架，系列主题雕塑为情感升华，通过绿色的纽带强化一系列空间的内在联系，重塑本项目的区域形象，同时为区域环境及居民带来全新的生活体验。

一、缘起——思考如何提升区域环境

项目位于成都市城东成华片区，原为工业厂房区，区域发展相对滞后，公共配套陈旧。近年来随着成都城市发展重心东移，各大地产公司进军城东，新建住宅带来越来越多的居民，本片区也迎来了发展的春天。初到项目基地，成洛大道地铁正紧锣密鼓地施工，繁忙嘈杂的交通、陈旧的厂房住宅、覆满灰尘的街头绿地，满目的旧城印象。

接到委托时，作为体验区的大部分内容都已施工完成，原设计以红酒文化为主题，主要分为形象大道、停车场、运动场地及售楼处花园四大功能区，城市展示面局促，辨识度不高，整体空间缺乏生活气息。我们希望通过重塑本项目的

区域形象，为区域环境及居民带来全新的生活体验。

二、绿色重构——绿地空间重新组合

设计之初，我们探讨什么样的景观最打动人：人们总是向往自然，天空的湛蓝，森林的葱郁，流水的清澈，水声潺潺，鸟鸣悠悠，自然的声色让人容光焕发，人在与自然的互动中获得身心的慰藉，它是轻松的，愉悦的，闲适的，更是和谐的。人与自然的和谐是一种绿色美学，我们在景观层面诠释为生态及健康之美。在项目区域环境不佳、配套滞后的情况下，我们选择生态

图 1　总平面图

①区域性主题雕塑　　　⑬ "体育 +" 儿童活动场地（SUTU/SONA/MEMO）
②运动系列雕塑　　　　⑭树玲珑
③绿化带　　　　　　　⑮营销外场草坪
④特色景墙　　　　　　⑯端庄草坪
⑤尊贵之门　　　　　　⑰水玲珑
⑥玉玲珑雕塑　　　　　⑱休闲长椅
⑦庄园森林　　　　　　⑲户外饮水机
⑧停车场　　　　　　　⑳儿童活动场地
⑨电瓶车上下客点　　　㉑休闲平台
⑩波尔多绿丘　　　　　㉒瑜伽平台
⑪阳光草坪　　　　　　㉓样板房
⑫球场（现状保留的球场）

与健康作为切入点，希望能结合生态健康的理念，实践绿色融入生活。现状的绿地分为沙河滨河绿地、成洛路沿街绿化及鲁能城体验区，三者以碎片化形式存在，因此，我们在三块绿地中构思了一条绿色纽带，通过外在改变提升绿地生态品质，增加健康功能场地，内在则以主题化元素展示精神内涵，将它们提升并整合为一体。

1. 沙河滨河绿地

绿地临河而设，端头与沙河桥相接，现状以绿化结合园路平台形式为主，主要满足市民基本休闲游憩需求。设计希望植入健康运动理念，增强区域特征及沿河亲水性。我们重新梳理绿地交通，分别设置游憩路径及慢跑路径，前者注重游憩的休闲趣味体验，可在空间变化中感受景致的变幻；后者着重考虑慢跑的便捷与舒适体验感。植物设计在手法上与沿街绿地系统考虑，形成视觉与功能的延续。

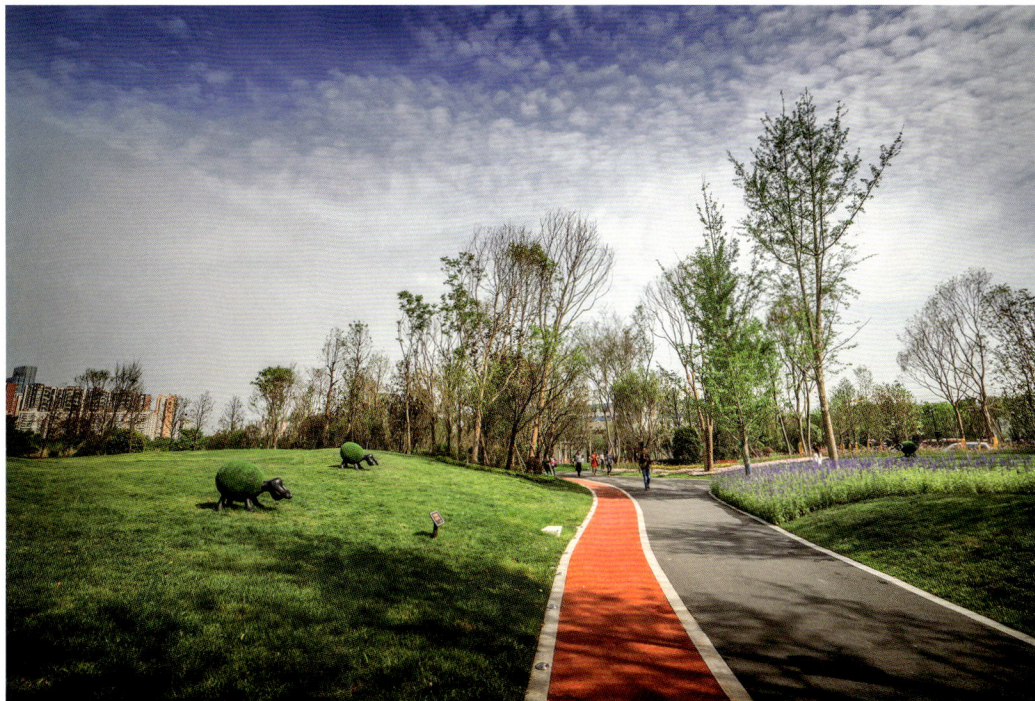

图 2　公园里的运动跑道

2. 沿街绿化提升

成洛路南侧项目段沿街绿化带全长约400m，现状仅有人行道及行道树，噪声及扬尘等污染对周边环境影响较大，在成洛路日益繁忙的交通状态下无法形成有效的生态屏障，设计中扩展沿街绿地宽度至 10m，形成疏密有致的植物空间，点缀运动雕塑，营造整体生态健康氛围，打造未来沿街绿地示范段，则成洛路沿线未来将形成绿色的生态健康走廊，同时搭建滨河绿地及生态体验区间的纽带。

3. 生态健康体验区

原体验区面积约 3.6 万 m^2，主要分为形象大道、停车场、运动场地及售楼处花园四大功能区。城市展示面较小，形象大道狭长枯燥，功能性运动场及停车场占比约 60%，整体缺乏情景化体验感。提升设计扩展体验范围至临近地块，展示面由原来的 40m 延伸为 450m，体验区面积增至约 5.8 万 m^2，缩减运动场，调整停车场

等功能场地，整体以疏林草地勾勒空间，尊贵之门、儿童王国都从绿地中生长起来。三块生态空间由此形成一条绿色的纽带。

绿色在慢跑道的牵引下，由沙河岸渗透而来，自然的绿意悄然溢出，穿过生态走廊与平静的水面，幻化了轻盈剔透的水玲珑；穿过庄园森林、绿丘与儿童王国，幻化了树玲珑；穿过蓝花楹与草地，幻化了花玲珑。她们像是这绿色纽带里的精灵，绿意被她们渐渐点亮。

三、设计升华——生态健康系列雕塑

绿色纽带中生态体验空间的植物是基调，硬景空间是骨骼，主题雕塑则是精神的升华，她们取自自然，仿佛在自然的空间里生长出来，空间便被赋予了更多生态与健康层面的精神内涵。

1. 水玲珑

水是生命的摇篮，它传递的是生的气息，是自然的活力。水珠一滴滴滴落，平静的水面漾起涟漪，水纹一圈圈荡漾开来，仿佛白居易《琵琶行》中"大珠小珠落玉盘"的另一种诠释。设计以水珠为原型，专业公司结合图纸优化，先筑泥稿造型，不断削磨。最终选用剔透的镜面不锈钢材质，更接近水珠晶莹剔透的质感，雕塑底部辅以灯光，夜晚的泛光与水面倒影相映成趣。水珠一滴滴散落，玉盘浮绿，月照珠明，一池星。

2. 树玲珑

丛林是一个包罗万象的地球之肺，在万籁俱静的晨曦中，阳光穿过树丛，唤醒林里的精灵，吱吱喳喳的虫鸣、鸟鸣，树木的枝叶在露水中孕育、萌发、生长，迎接温暖的阳光。这是生命的一种蓬勃姿态，我们希望她能给人们传达一种健康向上的生活态度与宜居感受。

树玲珑设计为树枝生长的造型，经过与专业公司多轮探讨及小样推敲，确定采用不锈钢焊接

图 3　树玲珑夜景

图 4　花玲珑广场

打磨，白色烤漆饰面。白色给人以纯净之感，日光下，在水景与植物的映衬下纯粹明亮，夜幕里，悠蓝的灯光下则分外妖娆。

3. 花玲珑

花玲珑位于售楼处前场水景中，点题之笔尤为重要，专业公司结合成都地域文化，选择蓉城市花——木芙蓉作为设计原型，木芙蓉为花中高

图 5　迎宾水榭区

洁之士，屡屡出现在文学作品之中，《楚辞》有"采薜荔含水中，攀芙蓉兮木末"，吕本中的《木芙蓉》亦有"小池南畔木芙蓉，雨后霜前着意红。犹胜无言旧桃李，一生开落任东风"，白居易更有"花房腻似红莲朵，艳色鲜如紫牡丹"，极言木芙蓉花容芳艳清丽。

雕塑取木芙蓉舒展绽放的姿态，材质及工艺为白色玻璃钢翻模，玻璃钢良好的可塑性勾勒了木芙蓉优美的花瓣，在水中形成清丽的倒影。

结语

设计的初衷总是带着美好的愿望，更多的理想与愿景也会随着设计的不断深入而变得务实，务实地面对不断出现的客观因素。本项目的落地也经历了各种各样的博弈，最终呈现了绝大部分的设计构想，设计重塑了本项目的区域形象，同时为区域环境及居民带来更好的生态健康之体验，我们通过这条绿色的纽带，拉近了人与自然的距离。

图6　儿童游戏区

宜宾鲁能山水原著原香岭

地点：四川省宜宾市南岸西区

占地面积：12.24 万 m^2

总建筑面积：47.55 万 m^2

建筑设计：筑博设计股份有限公司

景观设计：深圳市喜喜仕景观设计有限公司

设计时间：2016 年 7 月

开放式街区探索
——论宜宾鲁能山水原著原香岭规划设计创新

筑博设计股份有限公司　　姚亮　张国凡　田丹

一、开放式街区规划的缘起

随着住宅进入商品市场，国内掀起了空前火热的居住区建设。在大规模拿地、大面积开发的模式下，造就了众多航母级的封闭小区。随着城市化进程的深入，这些封闭小区暴露出来一些问题，如：小区过长的沿街围墙打乱了步行节奏，形成一些缺乏活力的城市消极空间，给城市生活埋下了不安全的隐患。综观古今中外，欧洲中世纪建成的大部分小镇依旧焕发着勃勃生机，国内外城市规划专家学者们都在研究这样的模式，试图从中找到让城市持久焕发活力的机密。我们研究认为，这些小镇的活力来自其街区的宜人尺度，且街区相对开放。

近观世界发达国家，20 世纪 80 年代晚期的美国，在社区发展和城市规划界兴起了一个新运动——新都市主义（New Urbanism）。其宗旨是重新定义城市与住宅的意义和形成，创造出新一代的城市与住宅。它注重社区的整合，而且注重考虑机会成本、时间成本与居住舒适的结合，并注重避免奢侈布局对环境的破坏、对土地和能源的过度耗费。我们研究认为，这是一条可

以全面焕发大城市活力的正确道路。

无独有偶，2016 年 2 月 20 日，国务院印发了《中共中央、国务院关于进一步加强城市规划建设管理工作的若干意见》。其中，第六部分第十六条为："新建住宅要推广街区制，原则上不再建设封闭住宅小区。已建成的住宅小区和单位大院要逐步打开，实现内部道路公共化，解决交通路网布局问题，促进土地节约利用。"

在本案中，我们将借助空间句法技术，提出一些开放式街区在住宅区规划设计中运用的创新想法。

空间句法是探究"空间与人类活动"的一系列理论方法，句法认为空间与人类活动之间存在密不可分的互动关系。空间句法理论是一种新的描述建筑与城市空间模式的语言，其基本方法是

对空间进行尺度划分和空间分割，分析空间和人类活动间的复杂关系。接下来，我们主要用轴线法和凸状空间法这两种方法从基地尺度、轴线确立和回应城市环境三个方面来论证山水原著原香岭地块之开放街区设计是如何激发区域城市活力的。

二、重构基地空间关系——基地尺度研究

手段：小组团，大社区

化整为零，将车行尺度的大社区划分成步行尺度的小组团群。小组团内相对封闭，方便管理，让业主有一个放心让孩子独自玩耍的空间；组团间相对开放，组团间道路变身为城市道路的"毛细血管"，提高道路密度，也让业主有一个从完全私密到完全公共的环境过渡。

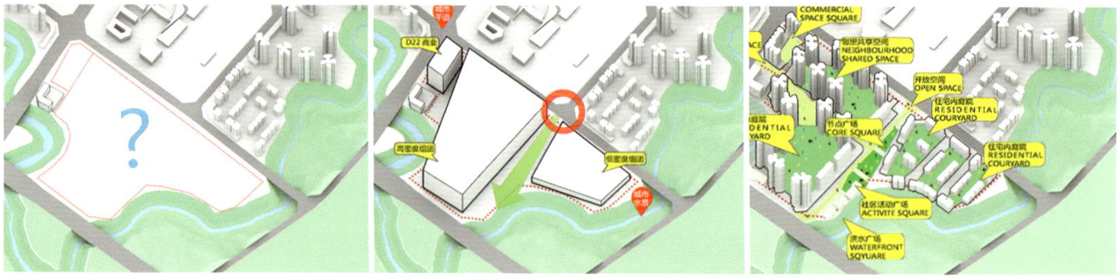

图 1　小组团大社区分析图

山水原著原香岭地块周边街区尺度约为700m×400m，尺度较大。如果按照常规规划手法，将其作为一个整体小区封闭起来，从小区的南侧路到北侧路，成年人需要沿着车行道旁的人行道步行大概10~15分钟（成年人步行速度4~6km/h），孩子和老人会需要更长的时间。在私家车保有量如此之大的当下，如果不是出于锻炼目的，有多少人会沿着一条笔直的马路走那么长的时间？由此来看，山水原著原香岭地块的尺度属于车行尺度。车行尺度空间是一个被快速通过的空间，这样的空间缺乏无目的公共接触的机会，而正是这些看似微不足道的行为构成了人与人之间的信任。如果不存在这样持续不断的观察和被观察的活动发生，一个原本建设整齐的空间将成为一个有安全隐患的空间。简·雅各布斯在《美国大城市的死与生》中描述了大量的空置城

市公园给我们提供了这样一个警示，即使绿树成荫，风景优美，如果缺乏持续不断的被使用，最终也逃不掉成为无人问津甚至藏污纳垢的城市衰败空间的命运。我们认为大量的车行尺度空间存在于城市内部是不利于人类公共活动开展的，甚至会导致城市内遍布缺乏活力和安全感的消极空间。我们希望能通过设计和建设激发城市活力，让城市生活变得更加丰富多彩。

秉承"建筑为人而造"的理念，我们考虑将街区继续细分，增加道路的密度，化整为零，把街区从一个车行尺度的快空间划分为几个步行尺度拼贴而成的慢空间。多轮沟通后最终确定将整个小区根据业态划分为两个小组团，西侧稍大的组团规划为高层住宅组团，东侧较小的组团规划为低密度住宅组团。低密度住宅和高层区住宅各自成为一个相对独立有出

入口的小组团，组团间利用商业街的围合与公共空间形成自然的区分。

从地块尺度上看，将原本700m×400m的地块尺度切分成公共空间、有独立出入口的200m×150m的低密度住宅组团和300m×200m的高层住宅组团，从尺度上达成了"小组团"的愿景。

从城市规划的角度来看，东侧的低密度组团回应前序项目D04的低密度组团，两个地块的低密度区整体从视觉上给城市打开一个观景窗口，西侧的高层组团与已建成的鑫悦湾高层住宅项目形成了呼应关系，提高了区域的整体感，从空间感受上，达成了"大社区"的愿景。

最终，通过切分空间，我们将一个车行尺度的空间调整成为多个步行尺度空间拼贴而成的空间。降低了空间的通过速度，加大了空间被观察的可能性，给公共生活创造充分条件。道路数量的增加，直接提高了区域空间的可达性。对于一个空间，提高了可达性，就能提高空间的被使用率。提高了空间的被使用率，就意味着带来更多的可停留的人流。可停留的人流，就意味着有公共生活的发生，这样的公共生活，有一个更广为人知的名字——城市活力。一个有活力的空间，就有观察和被观察的行为，正是这些微不足道的小行为构成了一个空间的安全感和舒适感，这正是在住宅区中规划开放式街区的目的。

三、开放轴线研究

手段：一条开放的中轴线

宜宾的山水美景给我们留下了非常深刻的印象，利用好这样的山水美景是我们最基本的设计出发点。我们提出了"显山露水"的基本规划指导思想。

我们对项目的愿景是：让山水原著原香岭地

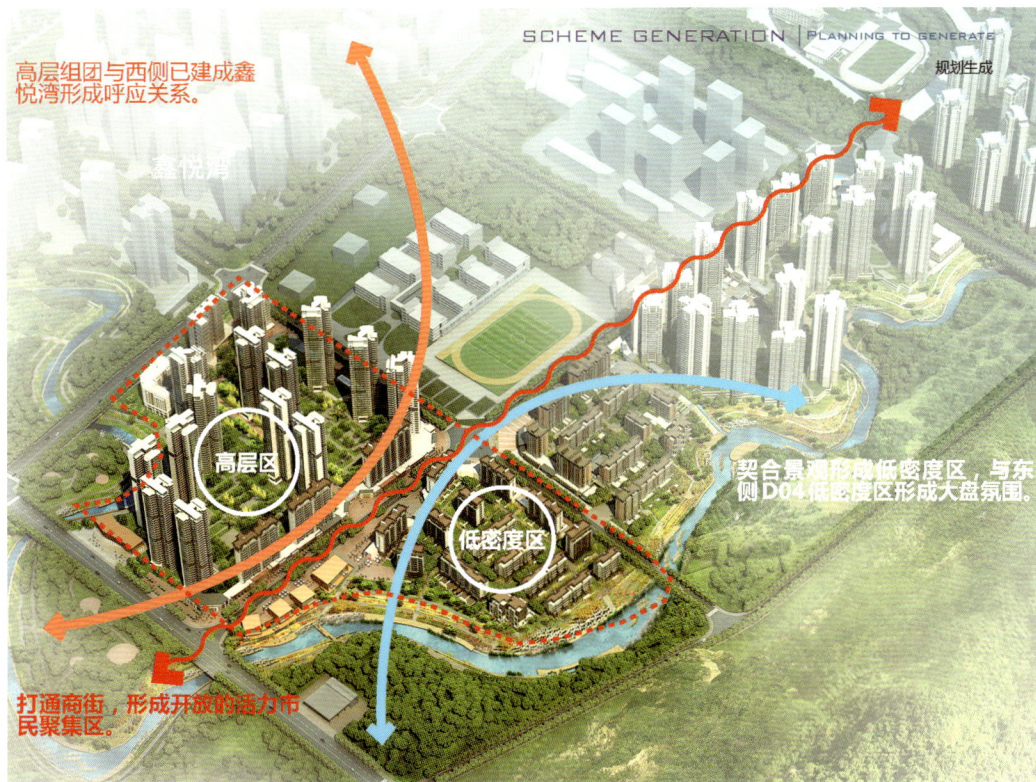

高层组团与西侧已建成鑫悦湾形成呼应关系。

鑫悦湾

SCHEME GENERATION | PLANNING TO GENERATE
规划生成

高层区

低密度区

契合景观形成低密度区，与东侧D04低密度区形成大盘氛围。

打通商街，形成开放的活力市民聚集区。

图2　高层与低密度区空间示意图

块项目成为联系城市公共生活与自然环境的纽带，而不是成为分隔城市生活和自然环境间的障碍。

基于当地政府的理念和我们的设计愿景，我们尝试在基地内部划分一些空间作为公共空间，将基地优越的景观资源与市民共享。空间句法理论告诉我们，轴线空间对人流具有很强的吸引力，确立一条主要的轴线是本案的一个重点。经过多轮方案比较，最终确立：沿着5号路的方向，继续延伸一条穿越整个地块的商业街作为开放的主轴线，用商业街来贯穿整个地块，让整个地块分而不离。

沿5号路延伸的轴线，对城市敞开了一条完全无遮挡的景观廊，可远观，可近玩。在与这条轴线平行的和垂直的空间关系中，我们也制造了一些条状的凸空间来形成视线通廊，将山水美景尽可能多地与城市共享，从视觉感受上创造吸引人流的条件。

一条对外开放的轴线空间是基础，但还不够，我们希望这里能汇聚人气，发生有趣的公共活动。于是，我们在这里打造了一条尺度怡人的内部商业街，营造慢生活的商业氛围，契合我们规划开放式街区的初衷。于是，从入口广场到商业街，住宅楼到沿河景观区，一个个逐步过渡的空间序列，拼贴出了一个有趣的空间。

在这条商业街上，通过一些街道家具的摆布，创造出让人停留的氛围。这些不刻意指定用途的可停留空间，从空间体验上，成为能吸引人来并且能留得住人的具有活力的场所。我们期望无目的的城市漫游行为在这里发生，激发开放式街区的活力，让这里成为一个持续不断的观察和被观察的空间，从而达到我们在住宅规划中设计开放式街区的初衷——营造安全、便捷、舒适的住区环境。

图3 基地中轴线规划图

图4 视线通廊示意图

图5 高层北沿街效果图

图6 中轴线商业夜景效果图

四、回应城市既有环境

手段1：视窗化的观景面，打造特色观景商业街区，采用滨水建筑立面风格

"有吸引力的城市公共空间，就像一个成功的聚会，人们在这里逗留的时间总是比预期更长一些，因为这里有吸引人们可以逗留的、有趣的事情正在发生"——扬·盖尔（Jan Gehl）。

我们认为，一个有吸引力的场所首先是一个可停留的场所，其次是一个可以"搞事情"的场所。

基地独有的山水相依的自然景观，是可停留场所的天然条件，建一个临水步道远不是我们想要的全部。基于地块中轴线的完全开放，让我们有了这样一个将部分商业沿凤凰溪做成

观景式商业的契机。山水美景，对城市生活中的人有天然的吸引力，但是纯自然的观光略显单薄，而引入商业街，则将赋予空间多重使用功能的可能性，让观景的人有便捷的购物渠道，让购物的人因为美好的景致而增加停留的时间……赋予同一个空间至少两种以上的使用功能，打造一个多重功能聚会的城市公共空间，增加公共生活在同一空间的碰撞率，一个既可以欣赏风景又可以购物聚餐的商业街，我们相信，基于不同目的而来到这个空间的人在这样的场所会激发出更多有趣的公共生活。在这里，我们采用了空间句法中的"凸空间"这个方法，加入了不少类似小广场这样的"凸空间"来打造一个富有节奏感的商业街。每个凸空间或延伸至山水景观，或透出小区内的景

观，或单纯增加活动空间。

与以往仅仅关注景观住宅不同，我们这次增加了景观商业的产品，因地制宜配置了三种商业产品模式，以提升商业产品的价值。从产品层面回应城市既有环境，给商业产品赋予观景体验，增强了购物消费的舒适度。舒适的购物体验会为我们的空间留住更多的人，这些人都将成为这个空间的观察者和被观察者，从而达到我们在住宅规划中设计开放式街区的愿景——提升区域的安全感和舒适感，激发区域活力。

"我时常憧憬着这样的一个城市的广场，在一个风和日丽的下午，我和几个朋友坐在广场的一边，手里拿着从小贩那买的珍珠奶茶，无聊地扯着闲段子，听着街头艺人跑调的音乐和周围人流的嘈杂……"丹麦建筑师扬·盖尔畅想的完美城市生活的场景正是我们努力营造的有吸引力的场所。

手段2：住宅产品采用滨水风格、观景户型来回应城市水景

产品上，我们强调居住者的观景体验，横厅设计让观景面最大化。立面风格上，我们采用简洁的横线条的滨水风格来体现基地的水景特征。至此，整个项目从规划到产品都契合了基地的既有景观——凤凰溪。

结语

我们在设计实践中，一直做着开放式街区的尝试，从2012年B05项目中开放的入口商业广场到2015年D04项目中开放的观景商业广场和沿水体育公园，再到现在山水原著原香岭地块打造了一条穿越整个基地的商业街，我们一步步在实践开放式街区。销售的成果给我们的反馈，让我们更加坚信这是一条正确的道路。总结了以往的成功经验，在本案中我们设计了"小组团，大

社区"的开放街区、中轴线观景通廊、观景特色商业街和观景商业产品这四个创新点，期望通过规划设计打造一个舒适、安全、有活力的区域。

"一个城市有了活力，也就有了战胜困难的武器，而一个拥有活力的城市本身就会拥有理解、交流、发现和创造性这种武器的能力"，很认同雅各布斯的这种观点，我们在山水原著原香岭地块开放式街区的尝试也是试图利用设计的力量引导人们去交流、去感受、去发现。现在看来，我们做到了。

图7 全区鸟瞰图

图8 高层中庭夜景效果图

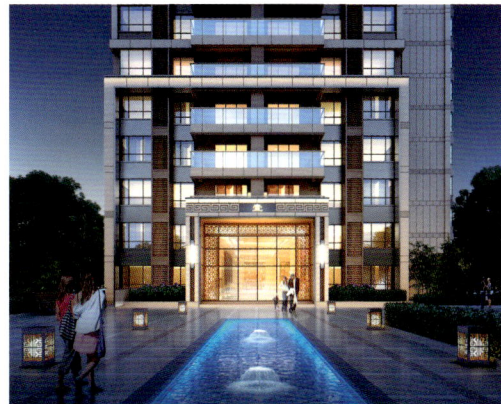
图9 高层单元入口大门夜景效果图

北京鲁能钓鱼台
美高梅别墅

地点：北京市丰台区

总建筑面积：2.75 万 m^2

建筑设计：北京维拓时代建筑设计股份有限公司

　　　　　杭州方科建筑设计有限公司

室内设计：香港 PAL 室内设计公司 /ISDcasa

景观设计：北京顺景园林股份有限公司

　　　　　北京中联大地景观设计有限公司

设计时间：2015 年 3 月

竣工时间：2017 年 10 月

不忘初心，方得始终

——北京鲁能钓鱼台美高梅别墅设计感悟

杭州方科建筑设计有限公司　　郑迅杰

一、源起

皇城根下的王侯之门，传承千年的贵胄门风

　　鲁能钓鱼台美高梅别墅坐镇北京三环中轴，是由鲁能集团、钓鱼台国宾馆、美高梅酒店集团联袂打造的顶级城市别墅。特定的区位和开发模式使其在设计之初便处于科技和人文、传统和时尚、东方和西方文化的交汇点上。

　　现代城市别墅设计不仅在于创造一个高端的生活场所，也是在引领一种全新的生活方式和文化潮流。设计秉承"科技是手段，人文是归宿"的核心理念，旨在深挖中国（北京）传统文化内涵，结合现代科技打造一个古典、时尚而富有远见的传世作品。切实从空间体验、视觉感受和内心感悟上将皇家礼序思想、邻里街巷观念、传统

图 1　故宫乾隆花园鸟瞰示意图

图2 老北京中轴线

图3 彩色总平面图

文化精髓、时尚科技生活尽力演绎，从而引起居住者的共鸣。奢而不张扬，净而不造作。

二、布局

屋宇深邃、庭轩明敞、观阁相望、林径四达

自元代建都北京，宫殿、衙署、街区、坊巷、胡同和院落便一同出现，成为北京的特色。在鲁能钓鱼台美高梅别墅的规划布局中，我们尊重历史的沿革，既强调融汇皇家礼序所追寻的中正、对称的仪式之美，也注重将风景诗意化，展现东方人文的循序渐进、张弛有度。在空间的起承转合中，如画卷般徐徐展开而带来身心双重感悟。

整个规划以一街九巷为脉络，景观上借鉴皇家园林打造五进院落的礼序空间，空间的展开又以门、庭、巷、院为载体。

门：观门径，可以知品

古人言"宅以门户为冠带"，宅第自古便是身份和品位的象征。门前通过院墙的围合而成前院，大门正面设置石材铜雕照壁。大门形制上采用屋宇式王府大门，三间一启。形式上遵从"离形得似"，简洁而古朴。铜门、石材、檐廊通过精美绝伦的雕琢，展现沉浸岁月的质感。

庭：看庭前花开花落，望空中云卷云舒

图4 会所大堂实景

入得门中，穿过前堂为一下沉庭院，庭院为整个公共空间的核心。鉴于京城的气候特点，在庭院上方设置钻石形切割的透明顶棚并附以木质格栅。透明的顶棚让庭院内外共融，花开花落尽显。木格栅精密时尚之间带来了斑驳朦胧的禅意；时空转变，虚实相生。

巷：静街深巷、古树高墙、门庭赫奕

基于北方传统中式院落的空间结构特性规划了46席独门院墅，院墙之间形成深深街巷。巷道布局严谨、匠艺奇巧，形成了高墙深院、曲径通幽、进退辗转间移步异景的大境之美。

院：风过而竹不留声，庭院深深是人生

中国人向来对院落有一种根深蒂固的情感，雅致的园林生活是流淌在文化中不可抹去的记忆。一庭花树，满园滴翠，花影树影，摇曳生姿。高墙下的庭院远离了世俗的喧嚣，在都市中创造诗情画意的栖居方式，为心灵留下一方净土。

三、空间

大道无形、虚实相生

中国古建筑之美既不在于其建筑空间，也不在于其结构，而是在于其组成围合的方式。在外部，院落成了空间围合的核心。鲁能钓鱼台美高梅别墅通过前院、侧院、后院的设置让建筑在水平空间上延续而富有变化；通过下沉庭院、屋顶花园的设置让建筑在垂直空间上也能有很好的延展性。三维尺度上形成了丰富的五重庭院。

建筑内部同样强调空间的水平和垂直延展。首层为社交区，空间水平向完全开放，厅堂之间既相互独立又互相联系，二层为主人卧室空间，三层为儿童卧室空间。家人活动空间大部分集中在地下室，三层地下空间通过两个穿插的通高庭院将家庭活动区、儿童娱乐区、学习社交区紧密地联系起来，形成垂直空间院落。这样的设计既能让每个空间独立，又使得彼此之间相互循环。

"自然光给予了空间特性，也赋予了建筑生命。"在鲁美别墅设计上对光线尤为关注。大面宽小进深的户型配以宽大的落地窗设计，让阳光能关照每一个功能空间，这该是最吸引人的地方。下沉庭院、采光天井的设置将光线引入地下，再通过地下通高空间，让光线在地下活跃起来，阴暗的地下室因此获得生机，这也符合现代都会人群写意天地的居住追求。会所地下空间围绕下沉庭院展开，透过木格栅洒下的斑驳光影点亮了整个公共空间。

四、形式

以初心，赋匠行

"形而上者谓之道，形而下者谓之器。"建筑艺术通过外形的塑造来表达一种意境。鲁美别墅项目试图通过对整体形式的塑造来表达一种思想：这是在特定地域文脉下的文化传承，同时它也将承载起文化的延续和演化，成为一个具有前瞻性的项目，唤起民族自豪感。

鲁美别墅立面设计风格为新中式古典主义，这种风格既符合古典经典比例又符合现代审美情趣。强调对称和仪式感，讲求比例和细节，注重材料和工艺。建筑立面采用经典三段式设计，上部为宽广的坡屋顶，水平向檐口层层交错；中部为三段主体，浅色石材墙面和深色金属条纹金属层叠交错；下部为坚实石材基础，一直延伸至下沉庭院。经典三段比例融入演绎后的中式符号，营造出特殊的中式文化氛围。

图5　私家庭院实景

图6　院落邻里景观实景

千尺为势，百尺为形。中式建筑讲究形势均衡，在设计规划中强调从远处观其大体，在近处观其细部。远观鲁能钓鱼台美高梅别墅，层层叠叠的深色坡屋面形成了浓郁的中式传统氛围。在近处精致的铜质椽子、细腻的铜质斗拱、精巧的石材线脚、晶莹剔透的花格窗形成了精细的细节处理。

材料选择上以耐久、尊贵、时尚为标准。萃取了历久弥新的温莎米黄石材、高贵耐久的氧化铜板和科技环保的钛锌板。这些材料保证了建筑可以传承百年，同时铜板、金属和石材随年岁发生的自然质变也赋予了建筑新的生命。

不忘初心、方得始终

项目实践过程中我们始终在做好传承的同时积极对话新时代。全体鲁能钓鱼台美高梅项目参与者通过孜孜不倦的努力，共同创造了一个伟大产品。

图7　迎宾入口广场实景

图8　客厅室内实景

图9　楼梯间室内实景

营造具有"东方文化"的现代园林

——北京鲁能钓鱼台美高梅别墅展示区景观设计

北京顺景园林股份有限公司　　孙宁　杨华

鲁能钓鱼台美高梅别墅是鲁能集团在北京三环内打造的稀缺别墅产品，位于丰台区南苑乡石榴庄的主城核心区，是市中心绝版的低密度别墅产品。项目以西式技法演绎中式元素，空间的布局、五进的规制、建筑的形态都以"中魂西技"的理念设计，同时将中国的中式九礼之魂蕴藏其中。

东方园林的设计方法

具有东方文化特色的景观设计是将中国传统文化与现代时尚元素在四维空间内重新演绎，其以内敛沉稳的文化积淀为出发点，为现代空间注入了凝练唯美的中国古典情韵，以现代人的审美需求打造了富有故事文化的景观氛围。

我们通过研究东方传统文脉，融入现代的设计手法，提出了具有东方文化特征景观的设计方法：有故事、有院落、有质感、有细节。该项目以中国传统文化为积淀，以乾隆花园为故事线，传承古典园林的院落布局方式和空间特点，借鉴其独有的景观构成元素，结合现代设计手法，彰显出府院高堂雍容华贵之气质，营造出高端典雅的庭院景观氛围，空间结构形式层层递进。下面将对设计方法的具体应用进行详尽的阐述。

一、有故事

每平方米 20 万 ~30 万的售价，带有"东方文化"的现代园林应该具有怎样的品质？带着这一命题，我们探寻到紫禁城内唯一的自然花园——乾隆花园的秘密。这里是乾隆为自己修建的"颐养天年"之地，也是宫廷自然花园的经典之作。唯有乾隆花园的等级规制与文化内涵方可承载南三环中轴"礼御"豪庭的文化溯源，故提取"乾隆花园"的文化精髓作为展示区景观设计的故事线和文化背景。

二、有院落

借鉴乾隆花园"五进院落"的空间结构形式和院落特征，景观整体格局设计如下。

一进——古华院：礼序前场，古木似锦

将景观展示面延展至城市界面。入口设置转角 LOGO 墙，形成提升项目品质感的第一视点。步入林荫景观大道，形成礼序前场。大门成为迎宾的第一道景观，增强了场地的仪式感。

二进——遂初院：府院高堂，国印千秋

景观高墙划分了空间属性，将居者引入具有王府气质的深宅大院。其具有文脉特征，又兼

图 1　景观彩色总平面图

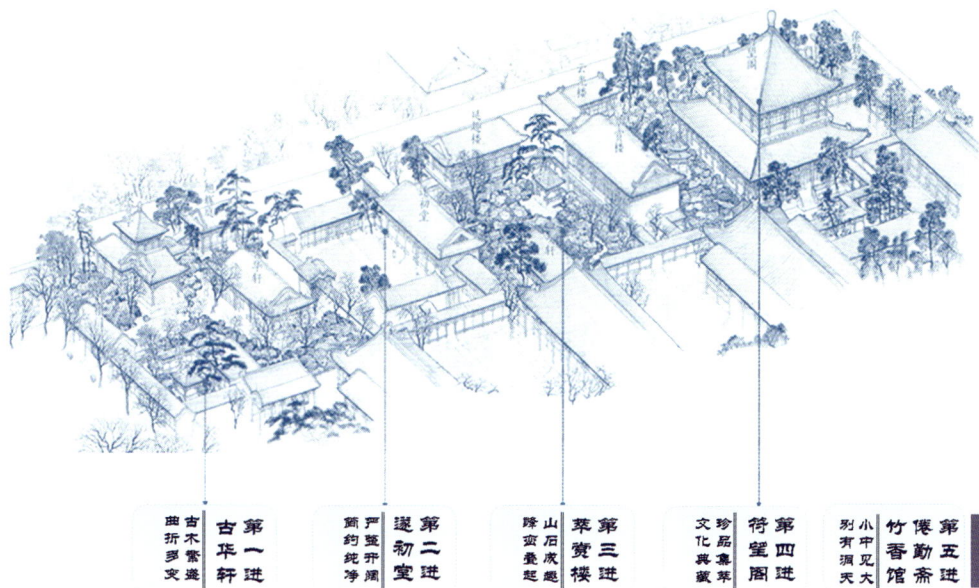

图 2　乾隆花园示意图

图 3　设计方法解析

具简约时尚的特色主题景墙，沉稳大气，庄重典雅。

三进——集萃院：集萃珍品，典藏石水

结合会所的采光天井和院落围墙营造出一个较为私密的流水环廊景观。水之灵动让闹市里难得的静雅抚慰人的心灵，给人舒心之感。

四进——街巷：高墙深院，层层递进

通过街巷门和墙体的参差错落关系界定出一个个步移景异的空间氛围。每个空间转换充满趣味和惊喜，藏而不露。街巷景观将最大程度地保证街巷内的种植环境，通过曲折变化的道路围合出种植空间，让居者感受放松亲和的景观氛围。

五进——府院：小中见大，别有洞天

倦勤阁（大宅）：文化内涵取自乾隆花园内最高地位的精致空间，也是乾隆为自己颐养天年所设计的藏宝阁。

竹香馆（小宅）：文化内涵取自乾隆花园的又一特色空间。

雅居府邸，让人体会尊贵质感的生活，每栋院落都以自己的文化背景作为景观主题作为文化背景。

三、有质感

金属铜饰以精湛的工艺打造，构筑物的铜艺压顶与石材浑然天成，凸显项目气宇轩昂的气度和尊贵的品质感。另外，该项目设计注重灯光氛围的营造，灯光赋予环境以灵动的神采。

铜的运用，铜的材质典雅而沉稳，内敛而又不失风度，符合带有东方文明特色的现代景观特征。在礼御景观设计中，根据空间的文化内涵，我们选用不同的细节处理和加工工艺，以更好地诠释空间文脉和场地特征。

倦勤阁的紫藤花选用铜艺与玻利维亚蓝玉石有机结合。紫藤装饰采用手工敲打的方式完成，加强了前层花瓣的立体感，前后层次更好地拉开了距离。另外，花瓣和古藤的肌理感也更好地通过细节彰显出来。

石材的运用

九宾之礼的流水环廊采用拉丝面黑金沙石材，3mm 宽，3mm 深，间距 4mm。流水漫过，泛起金光闪闪的亮光，增加了现代律动的气息。

幻彩麻特有的自然山水纹理与东方文化底蕴相得益彰。在选材和工艺处理上十分考究，需要对每块石材精挑细选，保证物尽其用，方能事半功倍。

四、有细节

匠，巧妙；匠心，工匠的心思。唐《孟浩然集》序："文不按古，匠心独妙。"每个行业都有一种灵魂，叫作"匠心精神"。在当前，在一切只求效率、通过减成本而获得最大利益的时代，我们需要始终如一地坚守匠心精神。它是一种文化的传承，也是我们设计师内心最真实的情感诉

求。严谨，专注，精益求精，一丝不苟。

本项目提炼乾隆花园中传统纹样的古典元素符号，印章、花窗、家具陈设图案、室内通景画等传统符号，通过现代设计的手法和现代材料及加工工艺加以重新演绎，保证每个细节都饱含独特的文化故事和时间烙印。

"礼御"是东方文化与现代时尚元素在时间长河中的邂逅，以乾隆花园为文脉，利用古典园林的造园手法、中国韵味的色彩、植物空间的营造，融入现代简约的设计语言，打造东方文化的景观空间。在设计中，铜艺和石材的选择、细节设计和工艺手法是全园最突出的特点，也是最能体现其皇家自然花园的东方神韵的亮点，走进礼御，可以静静地感受它所讲述的东方文明的"匠心"。

东方园林是全人类宝贵的历史文化遗产，其中优秀的部分对于现代园林设计有着重要的指导意义。东方园林的现代应用，既要认真汲取西方现代风景园林发展的成功经验，又要深入研究中国古典园林文化和本土资源环境特征。营造既符合国际发展趋势，又具有本民族特色的风景园林作品。深刻认识东方园林的现代意义，对现代风景园林的发展无疑具有巨大的启示作用。

东方园林景观设计应当将景观系统性研究放在首位，经过实践的积累，加上经验的沉淀，好的设计应力求在每个空间的文化研究、细节表达、材料运用和工艺流程把控的每一步都做到独具匠心，精益求精。

图4　一进古华院

图 5　二进遂初院

图 6　三进集萃院

图 7　四进九曲街巷

图 8　五进府院独墅—竹香馆

图 9　紫铜格栅细节实景

图 10　倦勤阁的紫藤花实景

北京优山美地 D 区

地点：北京市顺义区

占地面积：8.19 万 m²

总建筑面积：8.27 万 m²

建筑设计：北京维拓时代建筑设计股份有限公司

室内设计：上海朱周空间设计咨询有限公司

景观设计：北京中联大地景观设计有限公司

笛东规划设计（北京）股份有限公司

设计时间：2015 年 2 月

垂直的中国当代四合院
——北京鲁能优山美地样板别墅四十号室内设计

上海朱周空间设计咨询有限公司　　周光明

中国传统建筑是一个个院落的交织与关系，而中国家庭更是依循伦理来建立人与人的关系。在喧闹的现代城市中，如何将这种层次转化成现代的诠释，是我们在设计"家"的时候最大的考量。

在这个中国现代的"家"中，我们依然将传统四合院的概念植入，但仍打造出"垂直"院落，将层次垂直分明，却又紧密连结。如同传统院落的一进、二进、三进。功能上，一层为客人来访时的社交区，二层主要为父母房及儿童房、书房，三层则为主人的主卧室空间，家庭的主活动区域在地下一层与地下二层。儿童娱乐区、室内庭院及多功能式的家庭活动区彼此之间形成一个互动的循环体，既不相互打扰，又可以将成员的休闲生活紧密联系起来。

"适得其所"是我们在这个当代四合院里面最关注的核心，一个"家"的组成是所有成员共同的记忆与回忆，因此所有的空间都应该考虑到所有家庭成员的舒适度，而非重心倾斜。家人在空间里面可以各自独立，也可以随时关注到彼此的动态。如果说四合院是老祖宗的智慧，沟通则是现代家庭最需要的环节。

"韬光养晦"是我们提出的设计风格，真正的奢华是一种不外露、不彰显，而现代人的奢华更是找回内在平和的静谧感。"韬光"是藏住光芒，我们将奢华简化，将奢华留在内在。"养晦"是休养，回到家是一种内在回归，可以消除所有的外界干扰，因此自然、净化，在空间中随处可见。

中国式的生活并非复制西方，而是在文化分享普遍的现代，交流共融，我们提供的是对"家""家庭"新空间关系的整理。人的生活方式以及体验，如何在纷乱快速的现代社会中再次被文化所提炼，才是我们所要表达的。

"平面"：依据垂直的中国当代四合院，将传统院落垂直扩散。

一层——作为接待区把所有公共对外的功能放置在同一个平面，茶室、图书延续了古代书房的功能，既将传统的生活方式保留，又成为中国当代生活方式的体现，里应外合，动静皆宜。

客厅延续至餐厅，当代生活方式已经模糊了很多既定界线，更关注地是互动，不仅是家人、好友之间的互动，开放式的联通，更在意的是交流。

二层——中国人最重视家庭伦理，在有限的

图 1　接待门厅饰品实景

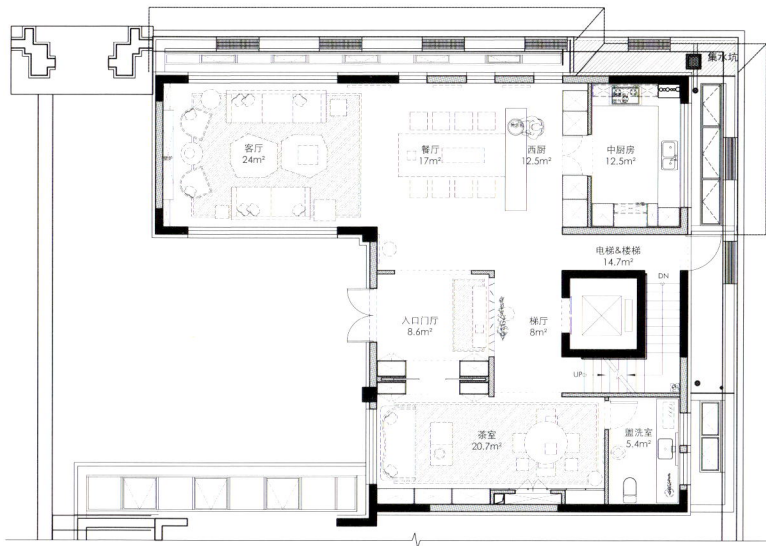

图2　1F 平面图

图3　客厅社交区一景

图4　开放的餐厅厨房

图5　开放茶空间

图6　客厅一角实景

图 7　2F 家庭读书区实景

图 8　2F 平面图

空间里，应考虑如何让亲子关系更融洽。我们将父母房与儿童房置于同一个平面，将儿童活动区放置于中心，使之成为一个二层公共区。子女可以在此做功课、阅读，长辈也可以有更多与孙、子女们交流的时光。而父母房与儿女都有各自的小天地，并配置了相应的卫浴空间。儿童房之间的联通卫浴，提供了更开阔的洗浴空间，同时也可以弹性地保有一定的隐私性。

三层——我们将主卧空间放在最高层，相对于传统院落中最重要的正房。我们打造了垂直院落中的平面，确保了主卧在卫浴、更衣、休憩都有一定的空间尺度，甚至保留了一个私密的阳台庭院，带有落地的大窗台，而卫浴的天井可引进充足的采光。

地下一层——我们打破了建筑中地下空间采光不足的既定印象，作为家庭休憩的主要空间，我们将平面适度展开，可让家人更自在地沉浸在他们的喜好里面。保姆房和洗衣房适度隐身在地下一层，在功能上考虑到更灵活的动线。作为至

图 9　主卧休憩区一景

图 10　3F 露台一景

212

图 11　3F 平面图

平面图标注：
露台 20m²
主卧室 18.2m²
卫生间 13m²
起居室 12.4m²
电梯厅 7.1m²
壁凳
更衣室 20.2m²
储藏室 5.2m²
DN

地下二层的过渡，我们运用储藏空间的错位，将天光引进，在靠壁沙发区以及沿壁面的景观区，温柔的天光洒落可以让你不再因为地下室的封闭而无法感觉到时间的流逝。

地下二层——地下二层在原始功能上总是阴暗潮湿的，通常也只是作为停车使用，而我们延续家庭活动空间的重要作用，将其打造成属于全家的乐园，让小孩在此享用更大的乐趣空间，使其成为一个全家可以聚集的小天地。

"软装"：以真实的中国当代生活方式来诠释。

在软装上的配置，我们希望还原中国当代生活方式，因此每一个物件都是根据真实的使用习惯来打造，而非只是"做做样子"。你可以看这个家庭的生活轨迹，空间中的每一个场景，而非只是一种想。而艺术品，是鲁能四十号的一大亮点，我们塑造出主人的品位，打造了一以贯之的艺术氛围。艺术品都为当代艺术家的真实作品，这是一种时代内涵的表现，根据需求而产生，而非凭空编制，整体就是一个当代中国家庭生活的缩影。

图 12　主卧更衣间

图 13　主卧更衣室一景

图 14　主卫生间一景

213

图 15　休闲厅一景

图 16　交谈区一景

图 17　躺椅一景

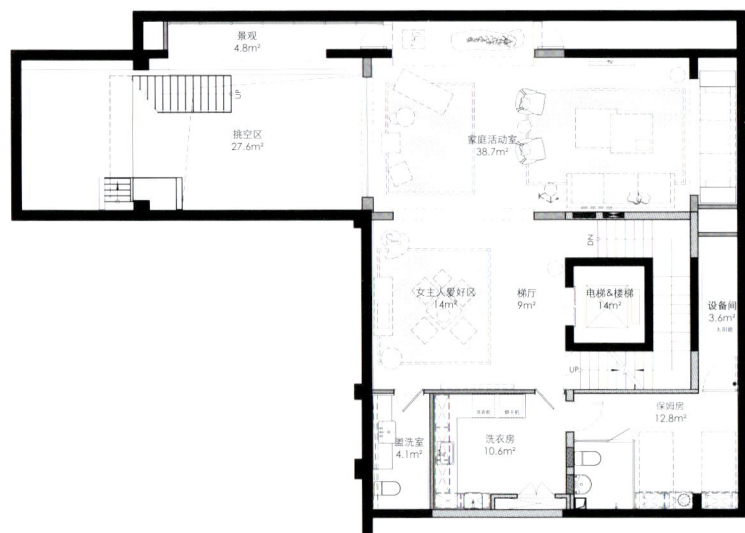

图 18　B1F 平面图

图 19　儿童游乐区滑梯一景

图 20 挑空的儿童游乐区实景

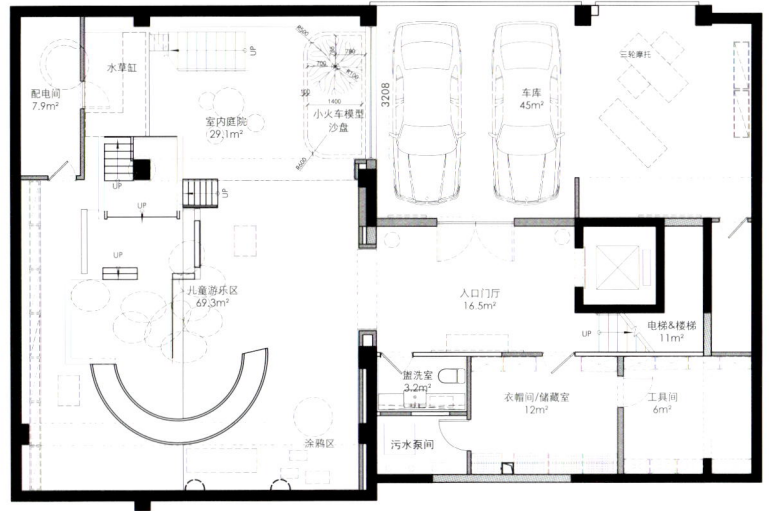

图 21 B2F 平面图

图 22 儿童游乐区一景

图 23 儿童读书区一景

当代文人之"山"营造方式探讨
——北京鲁能优山美地 D 区展示区景观设计

笛东规划设计（北京）股份有限公司　　史建亮

仁者乐山，智者乐水——道出了中式景观园林设计的精髓，就是对山水的追求。皇家因其财力尽量表达真山真水，达官贵人也堆砌山水于园中，文人墨客在风雅之余追求点石小水的幽深意境。从古至今的中式园林，对于山水的表达，已经到了登峰造极的程度，各种形式，各种组合，各种意境。时光流转到今天，对于本项目如何塑造当代文人的庭院，设计从当代生活文化出发，以期望做到新时代新庭院。

恰逢空间流线需要，设计以假山点缀于空间动线中，以下将通过两组景观的设计梳理，探讨"仁者乐山"的新表达。其一是入口的镜面片状假山，其二是后场的切片泰山石假山，两山相对，一现代一古典，但又都是片状的设计语言，达到了形式和意境的联系与统一。

一、镜面假山——人在山中，仁者对山的思辨

设计过程：思辨 得形 匠心 成景

苏轼有词说道：

横看成岭侧成峰，远近高低各不同。

不识庐山真面目，只缘身在此山中。

古代文人对于山的思考已开始有了哲学意味。看山不在山，在山不看山，体现了"我在山中，山中有我"的哲学辩证关系。反观当今流行于世的山石表达，过多的堆砌方式成了必选项，但是完全缺乏了人文性，古人追求的园林入画荡然无存。

鲁能优山美地作为北京中央别墅区的知名楼盘，客户中知识分子较多，我们反复探讨如何在

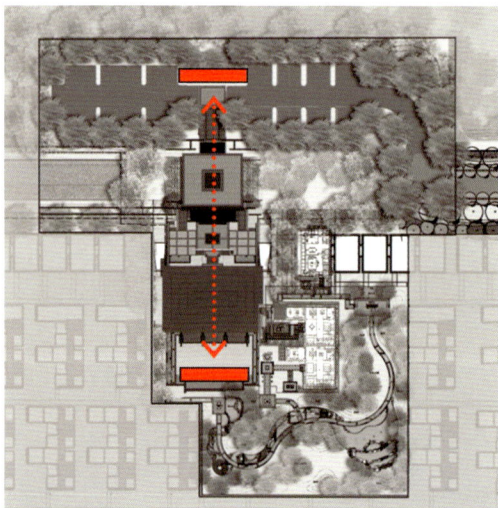

图 1　总平面图

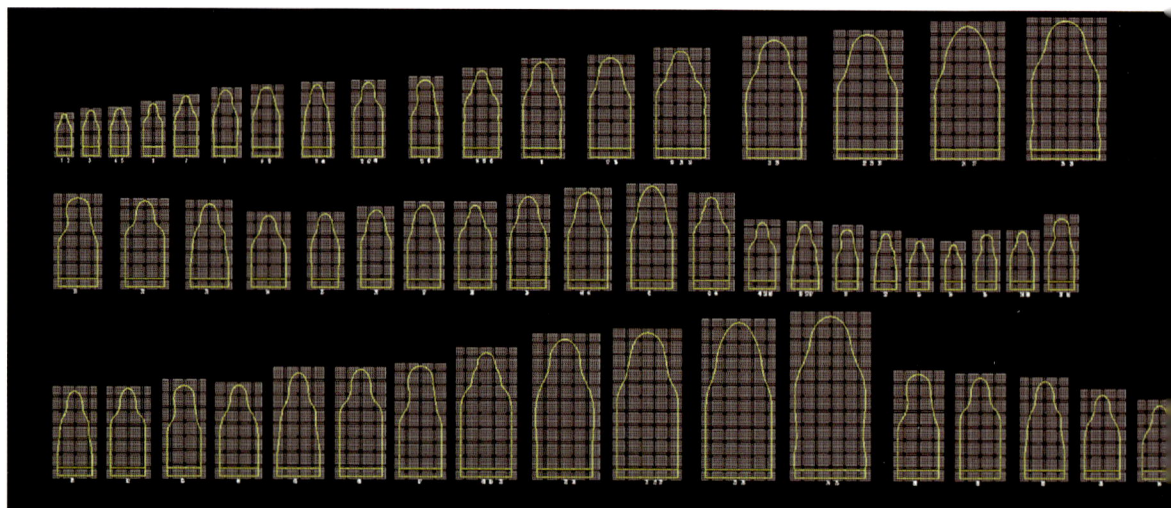

图 2　假山图纸

设计中增加哲学辩证思考，以突出我们和其他楼盘的不同。

镜面假山从泰山山脉的外轮廓中抽象提取，作为我们设计的起源，但是仅提取轮廓不足以成为景观亮点，我们还是希望能借助一种媒介将山做一种全新的阐述。镜子的存在，让我们发现一个貌似真实却虚无的空间，可以让人正衣冠，完整地映射这个世界，但是又区别于三维、四维之外的其他时空，薄薄一片却涵盖了真实世界的无数信息。尤其是室外镜面不锈钢的出现，可以帮助景观设计实现更大尺度的小品制造。

取自"横看成岭侧成峰"意境将山形以切面的方式展现，犹如将山重新压缩整合，每片山都是一座山峰，好多山峰在一起就成了山脉。而镜面的材质将片状的山峰在哲学上变得无限大，业主在观看的时候由远观山岭，到近处看山，细看后发现自己也在山中，哲学文化层面的意义得以展现。

假山由镜面钢制造，钢是一种现代的材料，突出了时代性和创新性。但为了保证形态自然和中式意境感，88 片假山都有单独造型定制，再由片山组成完整的假山。

镜面假山最高点 3.78m，最低点 0.8m，最宽处 1.96m，最窄处 0.43m，间隔 0.15m，整体假山造型取自于泰山山脉形态，然后用 Rhino 软件组合成抽象形态，并将假山形态数据化，导出每个假山的造型数据，提供给工厂制作。

但在施工过程中，国内镜面钢板型材的宽度是 1.2m，所以镜面假山不可避免地出现了焊接对缝，通过制作样板发现其效果很不理想，和工厂研究后更改为双窝边后内部焊接，在正面看的话有一条窄缝，但是不会出现焊接产生的镜面畸变和污染，效果较为理想。假山侧面为亚光面，保证观众在正面看时不会受镜面干扰，不会影响观看假山的效果。

图 3　假山实景一

图 4　假山实景二

二、切片假山——西山晴雪，山的意境进化

设计过程：相石 赌线 置形 成山 得意

售楼处后场因建筑密度较大，此处对景除竹林景墙外，希望以一组山峦应对，但后场空间又过于狭小，前后不足 12m，常规叠石手法放置于此处将会过于庞大，再加上地块荷载不够，设计将选择泰山石切片方式。一来降低地库荷载，二来节省空间，同时节约成本。

在曲阳选石的过程中，石头的千变万化使得选择过程及其漫长，并且石料又要适合竖向切割，未来的纹理及形状成为唯一标准。我们与石场老师傅密切沟通，对一块石头的形状、切线位置以及未来的摆放方式都一一进行探讨，并及时将划线结果标识在石头上，以期得到我们想要的结果，此过程虽不如翡翠赌石，但心情却相差无几。

待石料一一切开，立面的美丽花纹带给我们超乎寻常的美丽惊艳，我们将石料一一拍照，按照立面打印适合比例进行组合，调整石头间的距离、关系和埋深，为后期施工做出指导。

石头安装施工完成后，工人在摆放白色砾石的过程中，无意中将白色砾石撒在石头上，我们及时发现后突发奇想，考虑能不能将白沙留在石头上，抓取白沙适当填补后，一副更有画面感的意境出现，灰色石材山峦层叠屹立在白沙之上，而山峦上的点点白沙将组石小景变成了苍茫广阔的泰山意境，与优山美地的案名不谋而合。

通过此次景观的设计施工研究，对于景石的设置得出以下几点经验：

1）在地库荷载有限的条件下，将原形石材按照 300~700mm 厚度切割，能够减少荷载，同时又能保持景石立面的优美形象组合。

2）在成本有限的条件下一石多用，甚至 2~3 块石材即可满足对景横向叠山的需求，降低了石材的用量和运输安装的等级，因此石材切割也能用较小的成本实现相对完整的景观效果。

3）石材为立面切割，最终摆放为剖切面，所以可以在选石阶段适当放松对外形肌理的要求，而外立面花纹肌理造型是导致特选石材成本较高的最大因素，通过切割方式有效规避了石材昂贵以及稀缺石材的选用。

图5 切片假山原石

图6 切片假山拼贴

4）本次选用石材为泰山石，其纹理为黑底白纹，切割后有较好的云气河流纹，带给观众丰富的想象空间；如果选用其他纹理石材如大理石类或浪淘沙石类，其立面效果可能更为出色。

5）最后，因为石材切割带有"赌石"的性质，切割方式和位置具有较大的不确定性，因此划定切割线的时候要尽量避开石材断裂线，保证后期完整性；切割位置尽量靠近石材花纹走向放线，可将花纹尽量保留在切割后的两面上；切割点位也要根据石材厚度适当调整，越厚越大，切割点位越高，如果切割后高度在 0.8m 左右，厚度在 0.35m 即可，但假如切割后高度在 2m，厚度要控制在 0.65m 左右。

结语

本次示范区项目通过对两次假山的探索营造，希望能探讨当今社会中国文化园林审美，我们试图将新材料和新做法应用于传统园林，使文人之园进化发展，和我们今天的生活相适应。

当然，本次尝试也属于前期探索并存在不少弊端和不足，但我们还是抛砖引玉，未来出现更多适合当今社会的文人之园，而不是一味地模古仿古，重复几百年前的园林营造方式。

图 7　切片假山完成一

图 8　切片假山完成二

图 9　迎宾入口夜景

北京鲁能格拉斯小镇

地点：北京市通州区

占地面积：22.94 万

总建筑面积：12.89 万 m^2

建筑设计：中国建筑设计研究院

　　　　　悉地（北京）国际建筑设计顾问有限公司

室内设计：上海涞澳装饰设计有限公司

　　　　　北京戴维亚致国际装饰设计有限公司

景观设计：北京中联大地景观设计有限公司

　　　　　笛东规划设计（北京）股份有限公司

设计时间：2012 年 10 月

竣工时间：2017 年 9 月

摩登洛可可

——北京鲁能格拉斯小镇四期样板间室内设计

上海涞澳装饰设计有限公司

如果说巴洛克艺术主导了法国古典公共建筑的风格，到了宅邸内，洛可可风格更适合演绎唯美和舒适。如何把18世纪的洛可可艺术风格诠释成现代摩登的空间语言，成为设计师面临的主要挑战。

"洛可可风格善用不对称营造美感，线条纤弱婉转、颜色娇嫩华丽，继承了巴洛克格调的浮华与盛大，又将庄严的古典主义艺术大胆赋予了柔美的纤细与繁复，其间流淌着一种自由主义觉醒的精神"，设计师对洛可可的解读，正是这座宅邸设计的起点，而她对艺术的拥抱和致敬，则贯穿整个设计，绘画、雕塑、摄影、音乐……高级、深刻、复杂和辩证的艺术形式，将潜移默化地丰富居者的内涵气质和精神力量。

进入大宅，地面上蜿蜒的"S"形水墨曲线像落入了一池清水，随波荡漾，通向大宅深处。古典泼墨画般的地面像水中的舞者，轻盈地跳跃、旋转、翻腾，柔软的身姿，美丽的形态，美合着水在一起流动，水流到哪里，美就延伸到哪去。

第一眼望到的就是走廊尽头号称"德国国宝"的博兰斯勒古董钢琴，该品牌自问世以来就被欧洲众多国家皇室指定为收藏乐器，也是如鲁宾斯坦、亚历山大·帕雷、刘诗昆、周广仁等众多钢琴大师的首选。这不仅是一架非常名贵的演奏级古董钢琴，更是不可多得的手工艺收藏品。沉淀了厚重历史的黑色钢琴沐浴着铂金色的灯光，在象牙白的廊道终点熠熠生辉，诠释着主人对于艺术文化的热爱，当抑扬顿挫、婉转柔长的琴声回荡在整个建筑内时，法式宫廷的优雅生活体验即刻而生。神态形色各异的雕塑和地面欢快自由的图案，这种空间的不对称正是洛可可美感的来源。

图1 入户玄关及过道实景

这种金色洛可可带来的复古而又时尚的感觉与 ArtDeco 风格一同奠定了整个客厅的基调。金色穹顶有着雄伟的宫殿气质，一大一小两盏灵动多变的巴卡拉水晶吊灯也是不对称的设计，丰富了空间的层次感。

客厅金色的灯饰和茶几将白色的大厅点缀得灵动了起来，厅内摆设的雕塑是萨尔瓦多·达利最钟爱的作品之一"爱丽丝梦游仙境"，绳子缠绕成一股连接着爱丽丝的手臂，爱丽丝的手和头发都幻化成象征着女性美丽的芬芳的玫瑰花。爱丽丝混淆了现实与魔幻，为起居室带来古典与当代交混的力量。

坐落于客厅另一侧的餐厅，采用了法式经典白色与金色的搭配。仿若燕子般的灯具向空间注入了温暖的光，白色的桌椅与墙壁优雅而内敛，金色的餐具让食物变得更加诱人，水晶烛台和餐具进一步阐释了洛可可风格的娇柔与纤细。此外，餐厅还令人意想不到地融合了古典与时尚，华丽轻快、精美纤细的 18 世纪古董椅，搭配现代简约风格的沙发，两者强烈的对比为宅邸带来一种岁月经典的气质。

奢华流金的主人房在金色的映照下熠熠生辉，更显大宅华贵庄严的气质，不对称的空间布局进一步诠释洛可可的设计风格。墙壁以轻灵的喜鹊进行装饰，寓意为主人家带来幸运和福气。壁炉营造出温馨宜人的居住环境，坐在一侧的沙发上，你可想象一边喝着鸡尾酒，一边听着爵士乐，尽享惬意浪漫优雅的法式生活。

洛可可的另一大特色就是颜色娇美，用金色及鲜艳的浅色调打造奢华的氛围；并运用当时名贵稀有的东方纹样进行装饰。

鼠尾草绿的老人房跳脱了人们以往对于老人房刻板守旧的印象，既有西式美的结构又有中式美的图案，充满活力但又不失稳重，仙鹤图样倾

注了对老人最衷心的祝福。

女孩房的芍药粉娇嫩鲜艳，黄铜色的灯具及饰品让房间在可爱之余也不失奢华气息，更添一份贵族庄重的涵养。纯手工的 LLADRO 瓷偶，具有细腻逼真的形态，是欧洲上流社会每一个小女孩人手必备的玩具。

曲线柔美，直线富有节奏感

二楼走廊及书房墙上的雕花是洛可可风格最具代表性的自然主义装饰风格，用涡旋状曲线纹模仿舒卷纠缠的草叶，令雪白的墙面不再乏味，焕发出勃勃生机。此外，设计师还用具有摩登气质的黑白摄影作品丰富空间的视觉体验。

图 2 客厅实景

图 3 餐厅实景

图 4　主卧实景

图 5　二层门厅实景

图 6　书房一景

图 7　地下一层走道实景

地下室的纽约风格 Lounge

这套宅邸，不仅仅承载了住宿的功能，还是重要的社交场所。整个地下空间就是为主人量身打造的休闲场所，以大都会 Pub 风格为背景，兼具酒窖、雪茄吧、台球室等功能。

酒窖令人仿佛置身于中世纪的城堡，庄严肃穆，这是对绝世佳酿的尊重和敬意；而在另一边的吧台，大可谈笑风生、轻松愉快地饮酒。高贵舒适的棕色皮椅和绚丽耀眼的背景墙为享受雪茄的主人与其朋友提供了悠然自得的氛围。

整个地下室用色极其大胆，但张扬中并不失沉稳，红色的吊顶、咖啡和白拼花的砖、金色的隔断、灯饰与背景墙相辅相成，形成了强烈的视觉冲击，为环境注入了奢华的气息，是实力的象征。整个空间让人流连忘返，唯愿沉溺其中，不可自拔。

整个宅邸融合了 18 世纪风靡欧洲的浓烈的宫廷气息与现代上流社会的高贵品味，优雅的弧度、精致的线条，以现代手法和材质缔造出古典神韵，这正是摩登洛可可的精髓所在：纤弱娇媚、华丽精巧，以典型的女性化的艺术风格打造家的温暖。

艺术品是一座宅邸真正的灵魂

装饰主义走得再远，也需要艺术品来为空间注入灵魂。

设计师选用了 20 世纪最伟大的超现实主义艺术家萨尔瓦多·达利的作品"觐见忒耳普西科瑞"在廊道两侧迎接来宾：代表了古典之美的青铜色舞者和代表了现代力量的金色舞者；一个有着光滑柔软而充满感情的身体，另一个有着宛若雕塑般硬朗的躯干。

除了达利的雕塑，设计师还选用了经典的黑白摄影为室内空间带来现代的艺术气息，为绮丽的家中增添了一份沉稳和节制。

图 8 酒窖实景

图 9 娱乐室实景

图 10 过道艺术品一景

中国当代大宅院

——北京鲁能格拉斯小镇五期样板间室内设计

上海朱周空间设计咨询有限公司

"衔山抱水建来精，多少工夫筑始成！天上人间
诸景备，芳园应锡大观名。"

——《红楼梦，大观园题咏》

在讯息交流频繁的现代，地球村的文化共
融，使我们有别于传统、吸收了大量的外来文
化，在当代的中国社会，我们的生活模式已不再
像以往一样传统单一，而正在快速地改变，在这
改变里面，却有着传统思维的传承以及深植于内
在的核心精神。

鲁能格拉斯，作为一个中国的当代大宅院，
在建筑上体现的是充满西方逻辑的宅邸建筑，由
庭院环绕。在项目的野心上，对于宅邸的诠释，
有别于中国传统建筑一个一个院落的交织与关
系，更多的是对西方生活的一种向往。建筑于当
代，随着科技的进步与发达，更多的技艺与材料
选择，我们获得了更大的自由度，从而成就了格
拉斯项目的建筑现况。

如果说英剧"唐顿庄园"所要体现的是英式
贵族的大宅邸的生活方式，那么格拉斯在披着西
式大宅邸的优雅外衣下，更要体现的是中国当代
雅致的贵族生活！

中国传统大宅院，在红楼梦里面是经典的体
现，从大观园题咏便可揭露一二，而刘姥姥进大
观园所发出的赞叹更可显见，其中的精细雅致
非一般市井小民可想象。对比于西方，中国传
统的建筑，更多的是在意境上的表现。诗经用
"风、雅、颂"来传颂诗歌的层次，而我们再度
诠释，将其与人最重要的"精、气、神"融合，
成为"雅精、风气、颂神"，传达出多层次的空
间体验。

"雅精"优雅精致——高雅精致的生活追求，
是大户人家的讲究，品茗、闻香、莳花等是中式传
统的雅致生活，而红酒、音乐、雪茄，不遑多让的
是来自西式的考究。我们在空间中提供了当代与
多元的转换。

"风气"顺应自然——中国人讲求风水，这是
一种老祖宗的智慧，也是顺应自然的表现，在空
间中我们顺势将其敞开，确保每处都可接触到采
光，呼应着天光自然，感受着时光流逝，而当代
的逻辑科技，提升了自然力，自然的阳光被满足
了，可循环的空气、水，带来了空间中的韵律。

"颂神"艺术文化 ——唯有在生理满足后，
精神才会有追求，而这也是艺术文化高层次的追

求体验，一入门厅，迎面而来的便是一个挑高的
环形画廊，"唐顿庄园"中最多的便是满墙的画
作，我们将西式宅邸充满艺术品的氛围带入，奢
华并非仅只是堆砌，而是精神上更高的富足。

图 1 入口门厅效果图

图 2　客厅屏风效果图

图 3　茶室效果图

图 4　中餐厅效果图

图 5　西餐厅效果图

图 6　书房效果图

图 7　主卧室效果图

图 8　主卧更衣室效果图

图 9　主卧卫生间效果图

平面：尺度敞开，功能动线分明

庭院：我们将庭院分层，入门前的庭院为对外功能，是彰显，是迎接。而开放式下沉庭院，带来了采光，也维持了大宅邸的隐密性功能。

入门厅——打破了原有西式建筑里面的回型阶梯，我们将空间挑高，使其成为一个迎宾空间，同时也成为进退应对的一个缓冲，更多的惊喜来自于由地下一层至二层的大挑高画廊，经过廊桥，形成了中国传统建筑里面一进二进的院落感，豁然开朗。

一层——豁然开朗后，作为对外的大尺度的客厅，与左右饭厅茶室合而为一，我们舍去了西式宅邸的"厅"而使空间通透，彰显大户人家的气势，可进可退，将传统的生活方式保留，中西共融，呼应当代生活方式。

二层——中国人最重视家庭伦理，且注重隐私，如果一层是对外的"厅"，二层便是内院，设有正房和厢房，主卧、父母房、小孩房等，家人各自的空间都放置于此，既可共同交流，又不互相干扰。

地下一层——作为地下空间，我们打破了建筑地下空间采光不足的既定印象，运用建筑的优势，创造出了下沉庭院空间，而作为家庭休憩的主要空间，我们将平面进一步展开，可让家人更自在地沉浸在他们各自的喜好里面，保姆房以及服务动线的分配，则更贴近大宅院层层分明的考量。

软装：还原中国传统雅致生活，融合西方贵族体验。

在软装上的配置，我们希望还原中国传统的雅致生活，而在细节上小至餐具大至家具，挑选

图 10　客卧效果图

图 11　B1层宴会区效果图

图 12　健身房效果图

了中西式各自皇室贵族认证的品牌，体现了当代生活方式的多元以及不同文化交流的一种生活细节，每一个物件都是根据真实的使用习惯理解来打造，而非只是"样子"，空间中的每一个场景，并非只是一种想象。而艺术品更是精彩之处，我们塑造出主人的品位，打造了一以贯之的艺术氛围，从古董的物件到当代艺术家的作品，这是一种大家族里面的时代内涵，根据需求而产生，而非凭空编制，整体就是一个当代中国大宅院的缩影。

图 13　下午茶区效果图

后 记

　　2017 年即将过去，回想起编写《艺境·匠心》第一集的情景犹在眼前。这两年鲁能集团的住宅建设得到社会广泛认可，设计成果在各类评比活动中也频频获奖，这些成绩坚定了我们编写《艺境·匠心》第二集的信心。本书收录了自 2015 年来鲁能集团开发的 22 个住宅项目、42 篇论文，这些论文从收到的 70 余篇佳作中精选而出，是近几年住宅设计创新工作成果的缩影。历经四个月本书能如期付梓，首先要感谢我们的合作伙伴所奉献的思考、实践与总结，并提供精美的图片。他们是：

　　上海日清建筑设计有限公司

　　上海曼图室内设计有限公司

　　深圳喜喜仕景观设计有限公司

　　柏涛建筑设计（深圳）有限公司

　　上海天华建筑设计有限公司

　　筑博设计股份有限公司

　　中国建筑标准设计研究院有限公司

　　五感纳得（上海）建筑设计有限公司

　　上海水石建筑规划设计股份有限公司

　　黄志达设计顾问（深圳）有限公司

　　中国建筑技术集团有限公司重庆分公司

　　中机中联工程有限公司

　　重庆蓝调城市景观规划设计有限公司

　　北京维拓时代建筑设计股份有限公司

　　北京顺景园林股份有限公司

　　上海朱周空间设计咨询有限公司

　　笛东规划设计（北京）股份有限公司

　　上海涞澳装饰设计有限公司

　　（排名不分先后）

　　同样需要感谢我们各个城市公司的设计管理团队，他们为项目的策划设计、实施完成付出了许多的心血，同时也积极配合本书论文及图片的收集整理工作。他们是：

天津鲁能置业有限公司

鲁能集团上海分公司（苏州鲁能置业有限公司）

青岛鲁能广宇公司

南京鲁能地产有限公司

山东鲁能亘富开发有限公司

海南亿隆城建投资有限公司

海南三亚湾新城开发有限公司

海南英大公司（海南盈滨岛公司）

福州鲁能地产有限公司

东莞鲁能广宇房地产开发有限公司

重庆鲁能开发（集团）有限公司

成都鲁能置业有限公司

宜宾鲁能开发（集团）有限公司

北京海港房地产开发有限公司

（排名不分先后）

最后，感谢一起工作的同事和中国电力出版社的编辑们。在大家的共同努力下，本书才得以顺利出版。

鲁能集团有限公司设计研发部

2017 年 12 月